Das
Illustrirte Goldne Kinderbuch.
IV.

Heitere Ferientage.

Dritte Auflage.

Das Illustrirte Goldne Kinderbuch.

Mit
zahlreichen in den Text gedruckten Abbildungen,
Bunt- und Tonbildern u. s. w.

IV.

Heitere Ferientage.

Spaziergänge

in Flur und Wald, in Berg und Thal.

Von

Ernst Lausch.

Dritte vermehrte und verbesserte Auflage.

Mit zahlreichen in den Text gedruckten Abbildungen, Buntbildern 2c.

Springer-Verlag Berlin Heidelberg GmbH

1878.

Die Ueberraschung.

Heitere Ferientage.

Spaziergänge

in

Flur und Wald, in Berg und Thal.

Unterhaltendes und lehrreiches Lesebuchlein über die Natur

für Knaben und Mädchen.

Von

Ernst Lausch,

Lehrer an der ersten Bürgerschule zu Wittenberg.

Dritte vermehrte und verbesserte Auflage.

Mit 80 in den Text gedruckten Abbildungen, einem Ton= und einem Buntbilde.

Springer-Verlag Berlin Heidelberg GmbH

1878.

Softcover reprint of the hardcover 1st edition 1878

ISBN 978-3-662-33569-7　　　　　ISBN 978-3-662-33967-1 (eBook)
DOI 10.1007/978-3-662-33967-1

Vorwort zur ersten Auflage.

In der Reihe der ihrer Richtung nach auf Geist und Gemüth anregend und bildend wirkenden Kinderschriften, welche die Verlagsbuchhandlung seit einigen Jahren unter dem allgemeinen Titel „Die Kinderstube“ den gesammten Altersstufen der Kinderstube darbietet, nimmt das gegenwärtige Bändchen die vierte Stelle ein und schließt sich hinsichtlich der Anforderungen, welche es an die geistigen Kräfte, an Auffassung und Verständniß der kleinen Leute erhebt, eng an das vorangehende dritte Bändchen an. Ueberhaupt muß auf den innern Zusammenhang der einzelnen Bändchen der genannten Serie wiederholt hingewiesen werden; denn sie bilden zusammen ein Ganzes und wollen in diesem Sinne aufgefaßt sein. In ihrer Aufeinanderfolge vermehren sie durch Inhalt und Form den Sprach- und Begriffsreichthum der Kleinen um ein Bedeutendes und erweitern deren geistigen Horizont durch Ansetzung immer neuer Anschauungskreise. Weit übertroffen aber wird der formale Zweck planmäßiger Verstandesbildung durch die ethisch-ästhetische Seite der erziehlichen Einwirkung, welche sich sämmtliche Bändchen der „Kinderstube“ zur besondern Aufgabe gemacht haben. Als geeignetstes Material zu beregtem Zwecke erscheint immer die lebendige Welt, welche die Kinder umgiebt. Demgemäß entnahm Verfasser sämmtliche Lesestoffe, welche das dritte Bändchen, die Hausfibel, den kleinen ABC-Schützen darbietet, ihnen bereits bekannten Regionen, namentlich dem reichen Schatze der Kinderspiele und Kinderreimchen, welche auch schon die Kleinsten belustigen und anregen.

In dem vorliegenden Bändchen geht es nun einen Schritt weiter: hinaus in die freie Natur, in den Garten, in Felder und Wiesen, Wälder und Berge, und an die mannichfachen Dinge, welche die Kinder hier schauen, werden kleine Unterhaltungen und Belehrungen angeknüpft.

In letzterer Beziehung muß auf Gründlichkeit und Vollständigkeit auf dieser Stufe natürlich noch verzichtet werden; es kommt vielmehr darauf an, um die Kleinen nicht zu ermüden, sich möglichster Mannichfaltigkeit bezüglich des Stoffes und kurzer, in sich abgerundeter Abschnitte hinsichtlich der Form zu befleißigen. Beiden Anforderungen ist — wie man sich bald überzeugen wird — bei Abfassung des Büchleins genügende Rechnung getragen worden. In gleicher Weise ist Verfasser bemüht gewesen, mittels eines einfachen und kindlichen Tones seinen Gegenstand dem kleinen Völkchen verständlich und interessant zu machen, es dadurch zur Auffassung einer höheren Ausdrucksweise zu befähigen und es überhaupt auf eine höhere Bildungsstufe zu heben. Denn nur auf der Basis derartig gewonnener Vorkenntnisse läßt sich dann im vorgerückteren Alter einer gründlichen und systematischen Belehrung, und zwar zunächst durch Einheitlichkeit des Stoffes, die Bahn ebnen, wie dies durch die beiden folgenden mehrfach neu aufgelegten Bändchen „Die kleinen Thierfreunde" von Dr. C. Pilz und „Im Grünen" von H. Wagner in der That geschieht.

Die prachtvollen Illustrationen, mit welchen die Verlagshandlung das Werkchen geschmückt hat, bilden nicht nur eine Zierde desselben, sondern tragen auch wesentlich zur Veranschaulichung und Verständnißvermittelung der verschiedenen Bildungsstoffe bei.

Bemerkt muß noch werden, daß einige Gedichtchen und kleinere Abschnitte bewährter Jugendschriftsteller und Dichter, deren Namen in dem Inhaltsverzeichnisse genannt sind, in dem Rahmen des Ganzen Aufnahme gefunden haben, weil die Verwendung derselben zur Lebendigmachung des Stoffes sich besonders zu empfehlen schien und alte Bekannte von den Kindern ja immer freudig begrüßt werden. — Möge denn das Büchlein ausziehen und in den Kinderstuben in Nähe und Ferne eine liebe Heimat finden! Meine besten Wünsche begleiten es.

Wittenberg, im Oktober 1869. Der Verfasser.

Vorwort zur zweiten und dritten Auflage.

Da die erste Auflage des vorliegenden Büchleins von der gesammten Presse durchaus günstig beurtheilt worden ist, so lag ein Grund zu einer wesentlichen Umgestaltung nicht vor, weshalb sich denn auch bei der zweiten und dritten Auflage die Veränderungen meist nur auf Verbesserung des Ausdruckes und Abrundung der Form beschränkten. — Möge das Büchlein von Neuem hinausgehen und die Jugend unterhalten und belehren!

Wittenberg, am 1. Mai 1872 u. 1. März 1877. Der Verfasser.

Inhalt.

Ton- und Buntbilder.

Erster Tag.

Die Reise zu den Großeltern.

1. Die Ankunft.

Soeben hat der Herr Pfarrer sein Mittagsschläfchen gehalten, jetzt bedeckt er die weißen Locken mit dem schwarzen Sammetkäppchen und tritt hinaus in den Garten. Da hört er den Dampfwagen brausen, die helle Pfeife ertönt, — das ist von der langen Brücke drüben — noch eine Viertelstunde, so muß der Zug den kleinen Bahnhof erreichen, der nicht weit vom Dörfchen liegt.

„Ob die Kinder wol kommen mögen?" spricht der Herr Pfarrer; „ich will ihnen doch entgegen gehen!" Und schnell eilt er in das Zimmer, sich fertig zu machen. „Mütterchen, bereite geschwind den Kaffee; ich glaube, die Kinder werden kommen," sagt er noch, dann greift er nach dem gelben Rohrstock mit dem weißen Hornknopfe und geht hinaus.

Aber kaum ist er zehn Minuten fort, so kehrt er zurück. An der Hand führt er ein lachendes Mädchen, zwei muntere Knaben springen vor ihm her.

Großmutter: Die Kinder! Ei seht doch, da sind sie ja alle Drei: Hänschen, Ernstchen und Ännchen! Und ganz allein! Wo habt Ihr denn den Papa und die Mama?

Die Kinder: Guten Tag, liebes Großmütterchen!

Hans: Papa und Mama lassen schön grüßen. Papa hat jetzt noch keine Zeit, er muß noch alle Tage auf das Rathhaus gehen; aber wenn erst die Gerichtsferien anfangen, dann kommt er mit der Mama auch einige Tage her.

Ernst: Dann sind wir aber nicht mehr hier, Großmütterchen, dann ist unsere Schule schon wieder angegangen.

Großmutter: Nun, setzt Euch vor Allem nieder, Kinder, und ruhet Euch aus, ich werde den Kaffee gleich bringen.

2. Auf dem Bahnhofe.

Bald saßen die Kinder um den großen, runden Tisch herum und ließen sich Kaffee und Kuchen wohlschmecken. Was hatten sie nicht Alles auf der Reise gesehen! Wie viel wußten sie doch zu erzählen! Hans meinte: „Ich freue mich, daß wir die hübsche Reise allein gemacht haben, daß Papa keine Zeit hatte, uns zu begleiten."

Großvater: Ei, Ihr seid ganze Leutchen; denn wer so eine Reise machen kann, wie Ihr, vor dem muß man wirklich Respekt haben.

Anna: Ja, wäre aber Papa auf dem Bahnhofe nicht dabei gewesen, wir wären sicher nicht durchgekommen. Die vielen, vielen Menschen!

Großvater: Das macht das schöne Wetter, da waren gewiß viele Spaziergänger da?

Hans: Ja freilich, es fuhren lange nicht Alle mit, die da auf den Stein=platten neben den Eisenbahnschienen hin und her gingen. Wir mußten lange,

lange warten, ehe der Zug kam; Papa hatte schon längst unsere Fahrkarten gekauft, denn umsonst darf man nicht auf der Eisenbahn fahren. Endlich sahen wir in der Ferne eine graue Rauchsäule, und es dauerte nicht lange, so ertönte die helle Pfeife, es ging Klinglingling! der Dampfwagen war da. Schnell stiegen die Eisenbahnleute, die oben auf den Wagen saßen, herunter und mach=ten die Thüren auf. Aussteigen — Einsteigen — ei, wie schnell ging das!

Ernst: Weißt Du, Großpapa, wie die Eisenbahnleute heißen, welche oben auf den Wagen sitzen und die Thüren auf= und zumachen? „Schaffner" heißen sie. Papa rief einem Schaffner zu: „Nach Neudorf!" „Hier, einsteigen!" sagte er und machte eine Thür auf. Da hielten wir uns dazu und hüpften schnell in den Wagen.

Anna: Ich weiß noch etwas! ein alter, freundlicher Herr saß schon im Wagen, der nahm unsere Reisetasche hinein und legte sie unter eine Bank, dann gab er mir die Hand und half mir beim Einsteigen. Papa kannte ihn auch und bat ihn, auf uns Acht zu haben und uns in Neudorf aus dem Wagen zu lassen.

Großvater: Hat er Euch seinen Namen nicht genannt?

Anna: Ja, es war der Pfarrer Reinhard; er sagte, er kenne Dich gut, und wir sollten Dich schön grüßen.

Hans: Dann hatten wir aber kaum Zeit, dem Papa Lebewohl zu sagen. Klinglingling! schallte die Glocke; die Pfeife ertönte, der Zug setzte sich in Bewegung, und nun ging es immer schneller und schneller, und Wiesen und Felder und Bäume und Ortschaften flogen nur so an uns vorüber.

Ernst: Großpapa, das ging viel, viel schneller, als mit Stadtmüllers Ziegenböcken, und die können gewiß tüchtig springen.

Großmutter: Das will ich Dir glauben, Du kleiner Schelm.

3. Auf der Fahrt.

Hans: Lieber Großvater, sage uns doch, was ein Tunnel ist. Als wir auf der Eisenbahn fuhren, rauschte es auf einmal gewaltig und wurde es im Wagen ganz finster; aber gleich darauf war es wieder hell und ruhig, wie vorher. Wir sahen uns alle Drei erschrocken an und wußten gar nicht, was das war. Da sagte der Herr Pfarrer Reinhard: „Kinder, das war ein Tunnel." Und er sagte noch mehr, aber wir konnten's nicht recht verstehen, denn die Soldaten, die mit im Wagen saßen und auch Ferien bekommen hatten, sprachen unter sich so eifrig und laut und sangen auch lustige Lieder.

Großvater: Erst ein Wort von den Soldaten. Diese nennen ihre Ferien „Urlaub" und freuen sich darauf gerade so sehr, als Ihr auf Eure Ferien. Denn wenn sie viele Wochen und Monate lang fleißig exerzirt haben, so besuchen sie auch gern einmal die Eltern, oder den Großvater und die Großmutter. — Was ein Tunnel ist, werde ich Euch übrigens hernach sagen; erst aber möchte ich noch hören, was Ihr während der Fahrt Alles gesehen habt.

Hans: Ach, lieber Großpapa, nichts haben wir eigentlich ordentlich gesehen, dazu ging die Reise viel zu schnell.

Großvater: Hat denn der Zug nicht einmal still gehalten?

Hans: Ja, als wir an die Stadt Friedburg kamen.

Anna: Das hatte uns Papa schon gesagt, aber er hatte uns verboten, da aus dem Wagen zu steigen.

Ernst: Da kam ein kleiner Kellner zu unserm Wagen und rief: „Bayrisch Bier! Madeira! — Bayrisch Bier! Madeira!"

Großvater: Das ist ein süßer Wein. Aber wißt Ihr denn, was Bayrisch Bier ist?

Anna: Das ist Bier, das so bitter und schlecht schmeckt.

Großvater: Wer sagt Dir denn, daß es schlecht schmeckt?

Anna: Ei, der Herr Pfarrer kaufte ein Glas voll, und wir mußten alle Drei mit ihm trinken. Mir hat es nicht geschmeckt.

Hans: In Friedburg hielt der Zug einige Minuten. Als ich einmal durch das andere Wagenfenster sah, bemerkte ich, wie ein Eisenbahnwagen auf eine große Scheibe geschoben wurde. Auf der Scheibe waren nämlich auch Eisenschienen, gerade wie auf der Eisenbahn. Wozu machten die Leute das?

Großvater: Nun, wenn Ihr die Eisenbahnwagen genau betrachtet, so werdet Ihr finden, daß sie kein Vorn und Hinten haben; sie sind so eingerichtet, daß die Lokomotive bald auf die eine, bald auf die andere Seite gespannt werden kann, und immer geht es vorwärts; darum ist auch ein Umlenken, was doch bei allen anderen Wagen geschehen muß, nicht nothwendig. Muß aber ja einmal ein Wagen umgelenkt werden, so geht das auf keine andere Weise, als daß derselbe auf die Drehscheibe geschoben wird. Wenn er nun darauf steht, so wird die Scheibe, die um ihren Mittelpunkt beweglich ist, herumgedreht, und damit ist auch der Wagen herumgedreht  und wird dann von der Scheibe hinuntergeschoben und weiter gefahren.

Hans: Das haben wir freilich nicht gesehen, aber —

Ernst: Aber Soldaten haben wir noch gesehen. Nicht weit vom Bahnhofe war ein großer Exerzirplatz, da exerzirte ein ganzes Regiment Soldaten. Reiter waren es, Großpapa, die hättest Du sehen sollen. Hei, wie konnten die reiten! Da hätt' ich gleich dabei sein mögen.

Großmama: J, Du willst wol gar einmal ein Soldat werden?

Ernst: Ja, Großmütterchen, ein Offizier will ich werden und ein Pferd will ich haben, dann komme ich alle Sonntage hergeritten und besuche Dich und den Großpapa.

Großvater: Recht so! Vorläufig aber bist Du noch Hauptmann zu Fuß, nimmst Deinen Holzsäbel in die Hand und exerzirst Deine Schulkameraden.

4. Durch den Tunnel.

Großvater: Ihr wolltet also wissen, was ein Tunnel ist. Nun seht, Kinder, wenn wir auf der Landstraße fahren und in der Droschke oder im Post= wagen sitzen, so geht es zuweilen bergauf, bergab, je nachdem die Gegend eben oder uneben ist. Die Chaussee macht sich daraus nichts; sie geht über die Hügel und steigt hinab in die Thäler, und die Pferde müssen sich aufwärts tüchtig anstrengen und haben es abwärts ein Bischen bequemer. Der Dampfwagen fährt freilich viel schneller, als die beste Extrapost, und er nimmt auch weit größere Lasten auf, als der stärkste Frachtwagen, aber von Berg und Thal ist er kein Freund. Ein wenig Steigung läßt er sich wol gefallen, aber es darf ja nicht zu viel sein. Darum werden die Eisenbahnen so angelegt, daß die Schienenwege möglichst geradeaus oder wagerecht, wie man es nennt, gehen. Wo Thäler sind, müssen zuweilen hohe Dämme aufgeschüttet oder lange Brücken gebaut werden; Berge dagegen sucht man zu umgehen, und wo das nicht möglich oder die Erhebung nicht zu hoch ist, gräbt man die Bahnstrecke aus, so daß der Zug manchmal rechts und links von hohen Erdwällen, wie ein Fluß von seinen Ufern, begleitet wird.

Hans: Ganz recht, so war es heut auch auf unserer Fahrt. An einigen Stellen waren zu beiden Seiten nur hohe Erdmauern zu sehen.

Großvater: Nun kommt es aber zuweilen vor, daß man einen Berg nicht umgehen, auch nicht ausgraben kann, weil er sich zu sehr ausdehnt. Dann wird quer durch den Berg in gerader Linie ein mächtig großes Loch, so groß und weit wie der Kuhstall drüben, gegraben und ausgemauert. Die Eisenbahn geht dann durch diesen dunklen Gang wie durch einen langen Keller hindurch. Das nun nennt man einen Tunnel.

Anna: So sind wir heute durch einen Berg gefahren?

Großvater: Ganz gewiß.

Anna: Das hätte ich mir nicht gedacht.

Hans: Woher kommt denn das Rasseln, das starke Geräusch, das man im Tunnel hört?

Großvater: Ihr wißt doch, wenn Ihr im Keller sprecht oder singt, so hört Ihr den Schall viel stärker, als im Freien. Gerade so ist es im Tunnel. Der Dampfwagenzug macht immer Geräusch; geht er aber durch einen Tunnel, so hört man dasselbe viel stärker, weil der Schall durch das Mauergewölbe verstärkt wird.

Ernst: Großpapa, Du kennst doch das Birkenwäldchen bei uns, wo die Eisenbahn so tief, tief unten geht; ist da auch ein Tunnel?

Großvater: Das Birkenwäldchen kenn' ich wohl, aber was Du meinst, weiß ich noch nicht; sage mir nur erst, wie es dort ist.

Ernst: Nun, da ist die Erde eine lange, lange Strecke aufgegraben und die Eisenbahn ist tief unten. Auf einmal geht sie durch ein hohes Steinthor und Wagen und Menschen und Thiere gehen darüber hin.

Großvater: Freilich, das ist ein kleiner Tunnel. Solche kleine Tunnel aber, wie Du eben einen beschrieben hast, nennt man Durchfahrten. Wenn wir morgen einen Spaziergang unternehmen, kannst Du nicht weit von hier auch eine Durchfahrt sehen.

—— ✳ ——

5. Was wird nun morgen?

Ernst: Was morgen wird? Ei, das ist gar keine Frage: wir gehen spazieren, der Großvater hat es ja schon gesagt.

Großvater: Nun nun, so bestimmt habe ich's wol gerade nicht gesagt; aber ich habe nichts dagegen, wenn Ihr mit mir gehen wollt.

Die Kinder: Ei, recht gern, Großväterchen!

Anna: Großmütterchen, kommst Du denn auch mit?

Großmutter: Nein, mein Kind, Ihr möchtet zu schnell und zu weit laufen, und da würde ich zu müde. Geht Ihr nur mit dem Großvater allein.

Anna: Geht es denn so weit, lieber Großvater?

Großvater: Nein, sehr weit gehen wir auf keinen Fall. Wohin wollen wir denn aber gehen? Auf das Feld? Auf die Wiesen? Auf die Berge? Oder in den Wald?

Ernst: In den Wald, Großpapa, und Hirsche schießen.

Hans: Ach nein, in die Berge; das ist schon lange mein Wunsch.

Anna: Und ich ginge am liebsten auf die Wiese, da blühen so viele, viele Blümchen, daß man sich einen großen bunten Strauß pflücken kann.

Großvater: Kinder, Ihr sollt alle Drei Euern Willen haben; aber morgen wollen wir erst einen kleinen Gang durch unsere Felder unternehmen, der wird Euch auch ganz gut gefallen.

Hans: Gewiß, lieber Großvater, Du wirst uns schon an hübsche Orte führen.

Ernst: Also morgen ins Feld, dann auf die Wiese, dann in den Wald, dann in die Berge — Hurrah, das ist ja prächtig!

Großvater: Hör', Ernst, die Ferien gefallen Dir wol besser, als die Schule?

Ernst: Na, lieber Großvater, ich gehe ja auch ganz gern in die Schule; aber Ferien — Ferien! das ist doch eine gar zu hübsche Sache. Acht Tage sind freilich schon vorüber, aber wir haben ja immer noch vierzehn Tage.

Großvater: Gewiß, Ernst, die Ferien sind nicht übel, und wenn Du brav lernst, mußt Du auch Deine Ferien haben. — Also morgen in die Felder!

Zweiter Tag.

Spaziergang in das Feld.

1. Die Ernte.

Seht, da ist Lust und Leben auf dem Felde. Der Landmann hat zwar schwere Arbeit, aber er streicht sich den Schweiß aus dem Gesicht, ist fröhlich und singt ein munteres Lied. Hei, wie die blanken Sensen rauschen und die langen, schweren Halme zu Boden sinken! — Der eine Schnitter da wetzt mit dem Wetzstein seine Sense, denn sie muß scharf sein, wenn sie viele Halme auf e i n e n Hieb zerschneiden soll.

Das Weizenfeld da hinten ist bald abgemäht, es steht nur noch eine kleine Ecke, darin hat sich das Häschen verborgen. Wann wird es heraus springen? Jetzt — o seht! o seht! wie schnell es laufen kann! — Die abgemähten Halme, die in dicken Reihen liegen, nennt man Schwaden. Den Mähern folgen fleißige Frauen oder Mädchen, die das Getreide aufnehmen, in Strohbänder legen und Garben binden. Der ganze Acker liegt voll Garben. Dort aber werden sie in Haufen gelegt, versteht sich, sechzehn jedesmal; denn Mandeln nennt der Landmann diese Haufen, und sechzehn Garben machen eine große Mandel.

Dort auf dem andern Felde drüben haben die Schnitter ihre Arbeit schon beendet, und der Erntewagen steht hoch beladen auf dem abgemähten Acker. Noch eine Garbe und noch eine wird hinaufgegeben — jetzt ist's genug. Der Knecht läßt die Peitsche knallen, und nun ziehen die Pferde keuchend das schwere Fuder auf der lockern Erde hin, bis sie auf die feste Straße kommen, wo es leichter geht. Bald schwankt der Wagen durch das weite Thor in den Hof und in die geöffnete Scheune. Da giebt es Arbeit für den Winter; denn wenn der weiße Schnee die Felder deckt, so geht es in den Scheunen klipp klapp klipp! klipp klapp klipp! Die Drescher dreschen mit schweren Flegeln die Körner aus den Aehren, und ganze Säcke voll Korn und Weizen wandern nach der Mühle, auf den Getreideboden oder auf den Markt.

————

Gemähet liegt die ganze Schar
Der Halme lang und schwer,
Die dicken Schwaden, Paar bei Paar,
Wie Wellen rings umher.

Juchhei! Jetzt kommt in vollem Lauf
Der Wagen angerollt;
Er nimmt die volle Ladung auf
Und glänzt von ihr wie Gold.

————

2. Zur Erntezeit.

Hinaus, hinaus ins Feld!
Die Schnitter sind bestellt;
Seht dort die Sicheln blinken,
Die goldnen Aehren sinken,
Wie Schlag um Schlag drein fällt.

Welch froher Schnittersang!
Wie tönt der Sicheln Klang!
Welch Jauchzen, welch Gewimmel,
So weit der blaue Himmel!
O, bringt dem Vater Dank!

Bei Strahlen, glühend heiß,
Bei schwerer Arbeit Schweiß
Erquicken kühle Winde,
Sie wehen sanft und linde
Dem guten Vater Preis.

Bald blinkt im Abendglanz
Der goldne Erntekranz; —
Dann hallen frohe Lieder
Aus jedem Dorfe wieder,
Und Schnitter ziehn zum Tanz.

3. Räthsel.

Will sehen, wer das weiß:
Wie heißt „geschmolznes Eis?"
Wie wird mit e i n e m Wort genannt
„Gemahlnes Korn?" „Gepflügtes Land?"

4. Unser täglich Brot gieb uns heute.

Großvater: Ernst, woher nehmen wir das Brot?

Ernst: Wir kaufen es vom Bäcker.

Großvater: Aber wo nimmt es der Bäcker her?

Ernst: Ei, er bäckt es aus Mehl.

Großvater: Ganz recht, von wem bekommt er aber das Mehl?

Ernst: Er kauft sich's beim Müller.

Großvater: Und weißt Du auch, woher der Müller das Mehl hat?

Ernst: Er mahlt es aus Korn.

Großvater: Du weißt ja Alles recht hübsch; aber kannst Du mir auch sagen, wer dem Müller das Korn giebt?

Ernst: Das giebt ihm Niemand, er kauft sich's beim Landmann.

Großvater: Und woher nimmt es der Landmann?

Ernst: Ei, dem wächst es ja auf dem Acker.

Großvater: Wer aber läßt es wachsen?

Ernst: Das kann kein Mensch, das thut der liebe Gott.

Großvater: Siehst Du: der Landmann könnte nicht verkaufen, der Müller nicht mahlen, der Bäcker nicht backen, und Niemand hätte etwas zu essen, wenn der liebe Gott nichts wachsen ließe. Darum bitten wir ihn auch: Unser täglich Brot gieb uns heute!"

5. Das Getreide.

Der Roggen nähret uns als Brot
Und schützet uns vor Hungersnoth.

Vom Weizen giebt es weiße Wecken,
Die Kindern ganz vortrefflich schmecken.

Und Graupen, auch ein gutes Bier,
Giebt uns die gelbe Gerste hier.

Den Pferden aber will vor allen
Allein der Hafer wohlgefallen.

6. Das tägliche Brot für die Thiere.

Wenn die Menschen Früchte bauen und auf den Acker säen und ernten, so sorgen sie nicht allein für sich, sondern auch für die Thiere. — Da steht ein großes Kleefeld. Die saftigen Stengel mit den breitheiligen Blättern und den rothblühenden Köpfchen sind ein treffliches Futter für die Kühe und Pferde, und selbst die Gänse verachten es nicht. Der Weißklee, der so lieblich duftet, wird von den Schafen besonders geliebt; auch ist in den kleinen Blütenkelchen den Bienen der Tisch gar reichlich gedeckt. Sie holen den süßen Honigseim heraus und tragen ihn emsig heim in ihre Zellen. Da ist aber auch Mais oder Welschkorn, auch türkischer Weizen genannt, den die Kinder zuweilen daheim im kleinen Gärtchen bauen, weil sie die langen, zeiligen Fruchtkolben mit den hübschen gelben oder rothen Körnern so gern haben. Ei, das ganze Ackerstück steht ja voll Mais! Ist das Alles nur zum Spiel? O nein, Kind, zur Speise für Menschen und Thiere; denn das Mehl des Mais liefert schmackhafte Gerichte auf den Tisch, und die Kühe geben, wenn sie die fetten, schilfartigen Stengel dieser Getreideart verzehren dürfen, sehr reichlich Milch. Da steht ein . . . . . .

Halt, Ernst, halt! Das ist Feldbiebstahl. Ich sehe, Du kennst die Möhren schon und möchtest gern eine zur Vesper verzehren. Nun, das

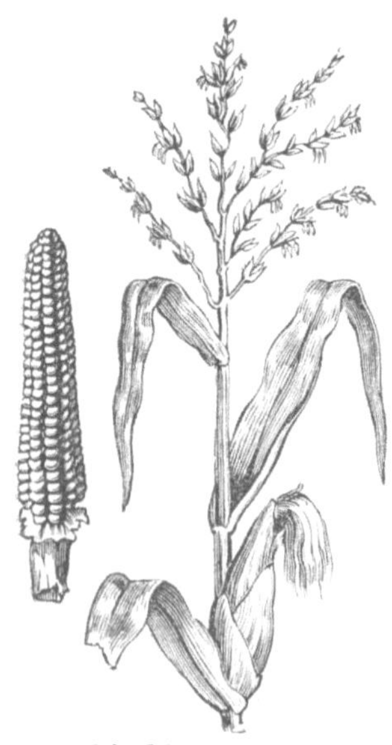
Mais (Türkischer Weizen).

Feld gehört zwar dem Vetter Amtmann, und an seiner Stelle könnte ich Dir schon die Erlaubniß geben; die Möhren sind ja aber noch zu klein, darum laß sie nur stecken. Wenn Du ein Messer bei Dir hast, so magst Du Dir von dem Weißrübenacker eine Rübe herausziehen und abschälen, die wird Dir auch ganz gut schmecken.

Ernst: O nein, lieber Großpapa, an Diebstahl hatte ich nicht gerade gedacht; ich wollte eben nur sehen, ob die Möhren schon groß wären. Eine Weißrübe aber werde ich versuchen.

Hans: Ich wünsche wohl zu speisen.

Anna: Und ich werde mir unter= deß ein hübsches Sträußchen pflücken. Sieh nur, lieber Großpapa, was hier am Wege und auf dem Rain für herr= liche Blumen blühen. Da sind rothe und blaue, gelbe und weiße, die will ich der guten Großmama mit nach Hause bringen, da wird sie sich gewiß freuen.

Großvater: Vergiß nur die rothe Fackeldistel nicht, die putzt den Strauß am meisten. Damit Du Dir aber die Fingerchen nicht zerstichst, will ich sie Dir selbst schneiden und die scharfen Stacheln abbrechen.

Anna: Danke schön, lieber Großpapa.

Weiße Rübe.

7. Das Kartoffelfeld.

Großvater: Da ist ein Kartoffelfeld. Es ist eine große Wohlthat, daß der liebe Gott die Kartoffeln wachsen läßt.

Hans: Ja, ich esse sie auch gern.

Anna: Und man kann so viele, viele Speisen daraus bereiten. Mama hat ein Kochbuch, in diesem steht, daß sich die Kartoffeln auf mehr als hundert Arten benutzen lassen.

Großvater: Das will ich wol glauben. Es giebt aber auch genug Menschen, die an den meisten Tagen des Jahres zweimal Kartoffeln essen, zu Mittag und am Abend. Die Armen würden ohne Kartoffeln gar nicht leben können.

Hans: Da weiß ich ein hübsches Räthsel. Großvater, rathe es einmal! Was ist die Kartoffel?

Großvater: Hm, ich sinne hin und her, aber ich finde es nicht; denn wenn ich auch sage: eine Frucht, so bist Du doch damit noch nicht zufrieden.

Hans: So will ich's Dir sagen: ein Land= und Stadtgericht.

Großvater: Da hast Du Recht; das Räthsel ist hübsch. Aber nun will ich Euch auch etwas aufgeben: Welche Hausthiere werden mit Kartoffeln gefüttert? Und welche werden damit fett gemacht?

Ernst: O, das ist leicht! Die Hühner, Gänse und Enten, und die Schweine werden damit fett gemacht.

Großvater: Und wer kann mir sagen, was aus den Kartoffeln sonst noch bereitet wird?

Anna: Stärke.

Hans: Auch Branntwein.

Ernst: Pfui! Branntwein schmeckt schlecht, den mag ich nicht trinken.

Großvater: Ist auch gar nicht nöthig; denn er macht die Menschen krank und dumm im Kopfe.

Anna: Ich habe einmal einen Betrunkenen gesehen, das war ein häßlicher Anblick.

---

8. Kartoffellied.

Pasteten hin, Pasteten her,
Was kümmern uns Pasteten!
Die Schüssel hier ist auch nicht leer
Und schmeckt so gut, als aus dem Meer
Die Austern und Lampreten.

Und viel Pastet' und Leckerbrot
Verderben Blut und Magen;
Die Köche kochen lauter Noth,
Sie kochen uns viel eher todt;
Das laßt Euch endlich sagen!

Schön röthlich die Kartoffeln sind
Und weiß, wie Alabaster,
Verdau'n sich lieblich und geschwind,
Und sind für Mann und Frau und Kind
Ein rechtes Magenpflaster.

9. Wie es im Frühling auf dem Felde aussah.

Ernst: Der Sommer ist doch wol die schönste Zeit.

Anna: Ich weiß ein hübsches Liedchen, das heißt:

„Sommer, o Sommer, du fröhliche Zeit,
„Alles ist wieder mit Blumen bestreut."

Großvater: O ja, der Sommer ist recht hübsch; aber der Frühling ist fast noch schöner. Wäret Ihr vor zwei Monaten durch diese Felder gegangen, so würde es Euch gewiß recht gefallen haben. Damals sah freilich Alles noch ganz anders aus. Die jungen Saaten, die kurz vorher der Schnee noch bedeckte, fingen an zu grünen und wuchsen höher und höher. Die Menschen kamen mit Pflug und Egge auf das Feld, ackerten und säeten Gerste und Hafer, legten Kartoffeln, pflanzten Kohl und Rüben und verrichteten viele andere Arbeiten.

Gott schickte Regen und Sonnenschein. Ei, da guckten tausend und abertausend zarte Keimchen aus der Erde hervor und wurden schlanke Halme; da schossen die Aehren heraus, und bald wogte das Getreidefeld wie ein grünes Aehrenmeer.

Anna: Das muß wunderschön ausgesehen haben.

Großvater: Und die Lerche erhob sich aus der jungen Saat und schwang sich in die blaue Luft und trillerte ein fröhliches Liedchen. Auch die Wachtel ließ sich hören und das Häschen sprang durch den Klee; kurz es war prächtig, Kinder.

Hans: O, das haben wir ja Alles auch gesehen, Großpapa, wenn wir mit dem Papa vor die Stadt spazieren gingen. Da standen große, gelb= blühende Rübsenfelder, die dufteten so süß, und Millionen Bienen und Käfer schwirrten darin.

Ernst: Und ich habe mit Schwester Anna blaue Kornblumen gepflückt; dann hat Anna drei Kränze und eine lange Guirlande gewunden, und damit haben wir Doktors Röschen zu ihrem Geburtstage so schön bekränzt, daß ihre Mama sie kaum wieder erkannte.

Großvater: Nun seht, Kinder, da könnt Ihr gewiß auch singen: „Frühling, o Frühling, du fröhliche Zeit —"

10. Frühling.

Frühlingszeit, schönste Zeit!
Die uns Gott der Herr verleiht,
Weckt die Blümlein aus der Erde,
Gras und Kräuter für die Herde,
Läßt die jungen Lämmer springen,
Läßt die lieben Vögel singen.
Menschen, Eures Gottes denkt,
Der Euch so den Frühling schenkt!

11. Von der Lerche.

Da steigt die Lerche trillernd in die Luft. Ei, die ist mir ein lieber Frühlingsbote. — Grüß' Gott, Frau Lerche! Was singst Du so schön? — „Was ich singe? Ein Loblied singe ich dem lieben Gott, dem Schöpfer aller Dinge, der auch mich erschaffen und mir Nahrung gegeben und die Erde so reich und schön gekleidet hat." — Das ist brav, liebe Lerche, das will ich auch thun.

Die Lerche hat kein prächtiges Kleid, wie der Pfau. Sie sieht grau aus, wie ein Sperling, doch ist sie etwas größer. Aber das Fliegen hat sie mit ihren langen Flügeln recht gut gelernt. Hoch, hoch hinauf schwingt sie sich in die Luft und sieht dann in der Höhe wie ein kleiner Punkt aus. Ihr Nestchen baut sie sich in die grüne Saat oder in ein Kleefeld. Da hinein legt sie 3 bis 5 längliche, graue, dunkel punktirte Eier und brütet sie in zwei Wochen aus. Wenn der Herbst kommt, so zieht die Feldlerche fort in ein warmes Land und kehrt erst im Frühling wieder zu uns zurück.

Die Haubenlerche aber, die Ihr hier auf dem Bilde seht, bleibt auch im Winter bei uns und sucht sich ihr Futter mühsam, sogar unterm Schnee auf Wegen und Straßen, oder auf den Höfen und vor den Scheunen.

2*

12. Wandersmann und Lerche.

W.   Lerche, wie früh schon fliegest Du
        Jauchzend der Morgensonne zu!

  L.   Will dem lieben Gott mit Singen
        Dank für Leben und Nahrung bringen;
        Das ist von Alters her mein Brauch;
        Wandersmann, Deiner doch wol auch?

Und wie so laut in der Luft sie sang,
Und wie er schritt mit munterm Gang,
War es so froh, so hell den Zwei'n
Im lieben, klaren Sonnenschein.
Und Gott der Herr im Himmel droben
Hörte gar gern ihr Danken und Loben.

13. Die Wachtel.

Horch, wie schallt's dorten so lieblich hervor!
„Fürchte Gott! fürchte Gott!"
Ruft mir die Wachtel ins Ohr.
Sitzend im Grünen, von Halmen umhüllt,
Mahnt sie den Horcher am Saatengefild:
„Liebe Gott! liebe Gott!
Er ist so gütig und mild."

Wieder bedeutet ihr hüpfender Schlag:
„Lobe Gott! lobe Gott!
Der dir zu lohnen vermag."
Siehst du die herrlichen Früchte im Feld?
Sieh sie mit Rührung, Bewohner der Welt!
Danke Gott! danke Gott!
Der dich ernährt und erhält.

Schreckt dich im Wetter der Herr der Natur, —
Bitte Gott! bitte Gott!
Und er verschonet die Flur.
Machen die künftigen Tage dich bang,
Tröste dich wieder der Wachtelgesang.
„Traue Gott! traue Gott!"
Deutet ihr lieblicher Klang.

14. Der Strohmann.

Ein Bauer hatte einen gar schönen Weizenacker; die Aehren waren voll Körner, und die Körner waren voll Mehl und sie waren beinahe reif. Da kamen die bösen Spatzen und fielen ihm in seinen Weizen und fraßen die halbreifen Körner, und wenn sie es fortgetrieben hätten, so hätte der Mann gar nichts bekommen. Da ging er des Morgens in aller Frühe hinaus, um die Spitzbuben zu schießen; allein als er hinkam, waren sie schon dagewesen, denn die Spatzen stehen noch früher auf als die Bauern. Sie hatten schon wieder ein Stück Weizen ausgefressen und saßen nun auf des Nachbars Kirschbaum, naschten Kirschen und lärmten, als ob sie sich über ihre Spitzbübereien freuten. Der Bauer kratzte sich hinter den Ohren und besann sich, was er machen solle, denn seinen guten Weizen wollte er ihnen doch nicht lassen. Auf einmal fiel ihm ein Mittel ein. Als er nach Hause kam, ergriff er einen Stock, so lang wie ein Mensch, wickelte Stroh darum, bis der Stock dick genug war, und machte ihm zwei Arme, zog ihm dann seinen alten Rock an, setzte ihm seinen alten Hut auf und gab ihm eine große Peitsche in die Hand. Als die Spatzen schliefen, nahm er dies Ungethüm, trug es hinaus und stellte es mitten in seinen Weizenacker, gerade als wenn es ein lebendiger Mann wäre.

Am andern Morgen, als die Spatzen aufwachten, flogen sie eiligst nach dem Acker, wo sie es sich gut schmecken lassen wollten; aber als sie hinkamen, siehe, da stand schon der Bauer in seinem alten Rocke und in seinem alten Hute und drohete mit der Peitsche. Da es so gefährlich aussah, getrauten sie sich nicht herbeizufliegen, sondern lauerten in der Nachbarschaft, ob denn der Peitschenmann gar nicht nach Hause gehen würde. Aber er ging nicht, sie mochten warten, so lange sie wollten. Endlich flogen die Herren Spatzen mit hungrigem Magen nach Hause und kamen nie wieder auf den Acker des Bauern.

15. Die Kornblumen.

Ernst: Seht, wie meine Mühle geht,

Wie sie schnurrt und schnell sich dreht!

Großvater, sieh nur, was ich habe! — Ei, ich sehe es schon, eine Kornmühle. Wo hast Du die her? — Hans hat sie mir aus einem Kornhalme gemacht. Wenn ich sie gegen den Wind halte oder schnell damit laufe, so dreht sie sich, dann geht es: klipperti, klipperti, klipperti! Aber große Mühlen, wie die da drüben auf dem Felde, gehen langsam und machen: Klap — pap — pap, Klap — pap — pap, Klap — pap — pap! — Großvater: So? Wer sagt Dir denn das? — Ernst: Ei, das werde ich doch wol wissen, ich will ja ein weißer Mann werden.

Anna: Ja, denke Dir, Großvater, Ernst hat sich einmal vor dem Essen= kehrer gefürchtet, da hat Papa gesagt: Nun Ernst, wenn Dir das Schwarz nicht gefällt, so sollst Du ein Müller werden.

Großvater: Das ist ja hübsch; ein Müller muß aber das Getreide kennen; Ernst, was ist das hier?

Ernst: O, das weiß ich längst, das ist ein Korn= oder Roggenfeld. Aus den Kornähren kommen die Kornkörner, aus denen der Müller das Mehl macht, und der Bäcker bäckt uns dann Brot aus dem Mehl.

Anna: Aber Kuchen, Semmeln und Weißbrötchen werden nicht aus Roggenmehl gebacken, sondern aus Weizenmehl.

Großvater: Richtig. Wißt Ihr auch, daß das Getreide zu den Gräsern gehört?

Ernst: Das Korn soll auch ein Gras sein?

Großvater: Gewiß. Es treibt einen langen, dünnen Halm mit einer Aehre, in welcher vier Reihen Körner stecken.

Hans: Die Reihen werden auch Zeilen genannt. Die Weizenähren sind ebenfalls vierzeilig, aber die Gerstenähren sind meist zweizeilig.

Großvater: Ganz recht; und der Hafer hat gar keine Aehren, sondern —

Hans: Rispen.

Anna: Sehr schön sieht das Getreide aber nicht aus, da gefallen mir die Kornblumen besser.

Großvater: Aber nützlicher ist, wie Du wol weißt, das Korn dennoch, obgleich die Kornblumen viel schöner aussehen. Da Du aber diese Blumen so sehr liebst, so hast Du sie Dir gewiß auch schon recht genau angesehen. Beschreibe mir doch mal eine.

Anna: Recht gern, aber Hans muß mir ein Bischen helfen. Die 'blauen Kornblumen wachsen in den grünen Getreidefeldern — und — machen uns Kindern viel Freude. — Wir spielen gern damit — und — flechten sie zu hübschen Kränzen. — Und — und —

Kornblume.

Hans: Ei, das ist eine schöne Beschreibung; Anna, da solltest Du in unsere Schule kommen! Gieb mal her die Blume, ich will sie beschreiben. —

Die Blüte der Kornblume ist wie ein kleines Blumensträußchen. Das niedliche, kugelige Körbchen, in dem die zierlichen blauen Blumen stecken, nennt man Kelch. Weil der Kelch aus kleinen, künstlich übereinander gelegten Blättchen besteht, die wie Dachziegel aufeinander liegen, so heißt der Kelch dachziegelförmig. Die Kelchblättchen sind grünlich und haben braune Rändchen mit kleinen, stumpfen Spitzchen. Rings um den Rand des Körbchens stehen die größeren Blütchen, das sind kleine, schönblaue Trichter mit fünf Läppchen oben. In der Mitte aber sind die kleinen violetten Blüten, die wie dünne Röhrchen aussehen und auch fünf schmale Spitzen haben. Ein graugrüner Stengel, der manchmal ein Meter hoch wird und mit langen, schmalen Blättchen besetzt ist, trägt die Blumenkörbchen oben auf den Aesten.

Großvater: Du hast Deine Sache gut gemacht, Hans, ich bin mit Dir zufrieden.

Ernst: Aber lieber Großvater, man kann sich über die Kornblumen doch auch freuen, wenn man sie auch nicht beschreiben kann.

Großvater: Man kann sich aber auch freuen, wenn man sie beschreiben kann.

---

16. Die Kornähren.

Ein Landmann ging mit seinem kleinen Sohne auf den Acker hinaus, um zu sehen, ob das Korn bald reif sei. „Sieh, Vater," sagte der unerfahrne Knabe, „wie aufrecht einige Halme den Kopf tragen! Die müssen wol recht vornehm sein; die anderen, die sich so tief vor ihnen bücken, sind gewiß viel schlechter."

Der Vater nahm einige Aehren und sprach: „Da sieh einmal! Diese Aehre hier, die sich so stolz in die Höhe streckte, ist ganz taub und leer; diese aber, die sich so bescheiden neigte, ist voll der schönsten Körner."

Trägt Einer gar so hoch den Kopf,
So ist er wol ein eitler Tropf.

17. Die Aehrenleserin.

Für Alle gab Gott seinen Segen,
Für Alle trug das Aehrenfeld.
Der Arme soll die Hände regen,
So will es Gott, der Herr der Welt;
Soll sammeln selbst die kleinen Gaben,
Die von des Reichen Ueberfluß
Im Sommer er umsonst kann haben,
Daß er nicht später darben muß.

18. Die Einfahrt.

Die Sonne will bereits untergehen. Der Erntewagen steht hoch beladen auf dem abgemähten Getreidefelde. Jetzt fliegt die letzte Garbe auf den Wagen. Der Knecht, der sie geschichtet, steigt herunter, läßt die Peitsche knallen, und nun ziehen die kräftigen Thiere an, als wüßten sie, daß sie am letzten Fuder ziehen. Des Landmanns Buben und Mädchen begleiten den Wagen und bewillkommnen mit Jubel die Mutter, die mit dem zappelnden Kleinen auf dem Arme dem Wagen entgegengeht. Der schwankt nun durch die geöff= neten Thore in den Hof und die Scheune hinein. Das Fuder wird noch abge= laden; die Garben wandern von Hand zu Hand an den bestimmten Platz. Die Pferde werden ausgespannt, und während die Bäuerin die Leute zum Abend= brote ruft, führt der Knecht die ermüdeten Thiere vor die gefüllte Krippe.

19. Die Heimkehr.

Großvater: Laßt uns den Rückweg antreten, Kinder, der Abend ist nicht mehr fern; die Sonne sinkt immer tiefer; die Wolken in ihrer Nähe färben sich roth.

Hans: Ach, jetzt wird es ja erst recht hübsch, lieber Großvater. Die Hitze hat aufgehört, es weht ein kühles Lüftchen.

Großvater: Aber es wird auch immer kühler; über dem Wasser erhebt sich der Nebel, und das Gras wird von dem Thau befeuchtet.

Ernst: Ja, ich habe auch Hunger, mein Butterbrot ist längst aufgezehrt.

Großvater: Um so besser wird Dir das Abendbrot schmecken.

Anna: Die Männer da drüben gehen auch nach Hause. Wonach blicken sie nur?

Großvater: Nach der Lerche, die noch einmal in die Höhe steigt und ihr Abendlied singt; vielleicht auch nach den Wolken, aus denen sie für morgen gutes oder schlechtes Wetter prophezeien.

Anna: Ich sehe jetzt schon das Pfarrhaus dort, ich sehe sogar den Schornstein rauchen; gewiß bereitet die Großmutter für uns das Abendbrot.

Großvater: Es wird wol so sein. Seht, die Arbeiter dort gehen auch nach Hause, die Viehherden kommen von der Weide; Alles ist müde und sehnt sich nach Ruhe.

Hans: Sogar die Bienen kehren zu ihren Stöcken zurück, und die Vögel werden still und suchen ihre Nester.

Ernst: Aber die Frösche im Wasser machen noch keinen Feierabend, die quaken um so lustiger.

Großvater: Die gehören auch zu den Nachtschwärmern, wie die Fledermäuse und Eulen. — Seht, da steht schon die Mondscheibe am Himmel und nicht weit davon ein heller Stern, das ist der Abendstern.

Anna: O, ich bin recht müde, Großvater; ich freue mich, daß es nach Hause geht.

Großvater: Ein gesunder Schlaf in der Nacht wird Dich stärken, und morgen wirst Du wieder frisch sein, dann unternehmen wir einen Spaziergang in die Wiesen.

Ernst: Ei, das wird eine Lust werden!

—— ⚹ ——

20. Der Mond.

1. Wenn es völlig Nacht geworden ist, erscheinen die Sterne am Himmel, zuweilen auch der Mond. Dieser macht es gerade wie die Sonne, er geht im Osten auf, steigt dann nach Süden in die Höhe und geht im Westen wieder unter. Sein Schein ist aber viel matter, als der Sonnenschein, man kann dabei nicht lesen und sieht auch nicht in die Ferne. Auch ist der Mond nicht immer rund, sondern bisweilen nur halbrund, ja manchmal so schmal wie eine Sichel. Wenn es Vollmond ist, könnt ihr ihn am besten betrachten. Vielleicht seht ihr dann auch ein Männchen darin mit einer Last Holz auf dem Rücken. Auch der Mond kann von Wolken verdeckt werden, dann glänzt bisweilen der Rand der Wolken wie Schnee.

2. Der Mond ist aufgegangen,
    Die goldnen Sterne prangen
    Am Himmel hell und klar.
    Der Wald steht schwarz und schweiget,
    Und aus den Wiesen steiget
    Der weiße Nebel wunderbar.

3. Siehst du den Mond dort stehen?
    Er ist nur halb zu sehen,
    Und ist doch rund und schön.
    So sind wol manche Sachen,
    Die wir getrost belachen,
    Weil unsre Augen sie nicht sehn.

21. Die Sterne.

1. Die Sterne sehen aus, wie große Funken, aber sie bewegen sich nicht so schnell. Einige leuchten viel stärker als die übrigen; die kleinsten kann man nur bei ganz klarem Himmel, und wenn es sonst ganz dunkel ist, sehen. Es ist gar schön, daß der liebe Gott die finstere Nacht durch die Sterne erleuchtet hat. Fromme Leute betrachten gern den gestirnten Himmel und denken dabei an Gott, der Alles geschaffen hat. Zählen kann man die Sterne nicht, weil ihrer zu viele sind, und weil sie auch nicht in Reihen stehen. Es giebt aber doch Männer, welche jeden Stern kennen und wissen, an welchem Platze des Himmels er steht. Auch Kinder kennen wol schon den Abendstern, welcher nicht weit von der untergegangenen Sonne zu sehen ist.

2. Wenn die Sterne so hell am Himmel stehen,
    Das ist, als ob die Engel herunter sehen,
    Und merken auf uns und meinen es gut
    Und freu'n sich, daß Alles schläft und ruht.

3. Mit ihrem milden, goldnen Schein
    Schau'n sie herab auf Groß und Klein
    Und sagen Gott, der sie hieß werden,
    Was sie gesehen auf der Erden.

22. Am Abend.

Müde bin ich, geh' zur Ruh',
Schließe beide Aeuglein zu;
Vater, laß die Augen Dein
Ueber meinem Bette sein.

Hab' ich Unrecht heut' gethan,
Sieh es, lieber Gott, nicht an!
Vater, hab' mit mir Geduld
Und vergieb mir meine Schuld.

Alle, die mir sind verwandt,
Herr, laß ruh'n in Deiner Hand;
Alle Menschen, groß und klein,
Sollen Dir befohlen sein.

Es sollte doch heut' auf die Wiesen gehen, aber der Großvater kann gar nicht fertig werden. — Ei, ich freue mich auch darauf; da giebt es Blumen . . . — Ja, Gänseblumen, mächtig große, die sind bald so groß, wie ich. — O Ernst, was Du denkst! Du meinst gewiß die großen Wucherblumen, die sehen auch bald wie Gänseblumen aus. Wenn wir auf die Wiese kommen, so wollen wir den Großpapa fragen, wer Recht hat. — Nun, es kann schon sein, daß Du Recht hast. Weißt Du, Anna, auch Schmetterlinge und Käfer sind auf den

Wiesen die Menge, da fange ich Dir die schönsten. — Die werden sich von Dir
nicht kriegen lassen. Hast Du Dein Frühstück schon? — Längst; ich habe es
schon wieder aufgegessen. Ich lasse mir von der Großmutter ein anderes schnei=
den, das soll mir Hans mit in seine Botanisirtrommel nehmen. — Das wird
nicht gehen. Dahinein thut Hans Pflanzen, die ihm gefallen, und die er dann
trocknen und aufheben will. — O, bis dahin habe ich es längst wieder auf=
gezehrt. Wau, wau, wau! Bello, du willst wol auch mit? Ja, du sollst mit=
kommen; wir beide wollen den Maulwurf fangen. Du bist doch dabei? Sieh,
da kommt Hans! Ach, er spricht mit den Arbeitsleuten, der Großvater ist ge=
wiß noch immer nicht fertig.

2. Noch ein Morgengespräch.

Guten Morgen, Ihr Leute, wo wollt Ihr hin? — Auf die Wiese gehen
und Heu machen. — Ei, ich denke, das läßt der liebe Gott wachsen, wie könnt
Ihr es denn machen? — Du hast freilich Recht; was die Menschen dabei thun,
ist nur wenig. Gott läßt das Gras auf der Wiese wachsen, und wenn es groß
und lang genug ist, gehen die Mäher mit den Sensen am Morgen oder am
Abend hinaus und mähen es ab. — Warum gerade am Morgen oder Abend?
— Weil dann die Grashalme vom Thau feucht sind und sich am besten ab=
schneiden lassen: sind sie aber trocken, so biegen sie sich selbst vor der scharfen
Sense um, wir sagen dann: es schneidet schlecht. — Das sind aber doch keine
Sensen, was Ihr da habt; was sind das für Dinger? — Das sind Harken
oder Rechen, damit werfen wir die Grasreihen auseinander, welche die Mäher
abgemäht haben. Dann wird das Gras im Sonnenschein trocken, und damit
es um so schneller austrockne und dürr werde, wenden wir es mit der Harke
öfter um, harken es zusammen und werfen es wieder auseinander. Das nennt
man „Heu machen". — Ja, nun verstehe ich, was „Heu machen" ist. Wie
lange dauert das, ehe das Gras ganz trocken, ehe es Heu geworden ist? —
Wenn das Wetter gut ist, zwei oder drei Tage. Dann wird es in große Reihen
oder Haufen zusammengebracht, auf den Wagen geladen und nach Hause ge=
fahren. — Nun, ich will mit dem Großvater, dem Bruder und der Schwester
heut auch auf die Wiese gehen. Dann werden wir Euch besuchen. Ade; auf
Wiedersehen! — Ade!

3. Jetzt hinaus!

Endlich geht es fort. Der Weg bis zur Wiese ist gar nicht weit und er führt vom Dorfe zuerst ein Stück durch die Felder, dann breitet sich unten im Thale die Wiese aus. Ein Bächlein schlängelt sich durch sie hindurch, in dessen Wellen muntere Fischlein springen und an dessen Ufern die bunten Blumen blühen. Du möchtest gern das blaue Vergißmeinnicht haben? Ja, das wirst Du noch finden und noch viele andere Blumen dazu; aber die gelbe Schlüsselblume ist längst verblüht, da hättest Du im Frühling kommen sollen. Kennst Du das hübsche Liedchen von der Schlüsselblume, die auch Himmelsschlüssel heißt? Nicht? Nun so will ich es Dir sagen, merke es Dir!

———— ×× ————

4. Himmelsschlüssel.

Himmelsschlüssel, Himmelsschlüssel,
Sag', was schließest Du auf!
    Das Herz jedem Kinde
    Schließ auf ich geschwinde,
    Daß Freude und Lust
    Erfülle die Brust;
    Daß Frühling und Sonnenschein
    Ziehe hinein.

Himmelsschlüssel, Himmelsschlüssel,
Sag', was schließest Du zu?
  Das Herz jedem Kinde
  Verschließ' ich geschwinde,
  Daß nimmer ein Schmerz
  Erfülle das Herz,
  Auf daß es voll Heiterkeit
  Sei allezeit.

5. Das Bächlein.

Ernst und Anna wollten gern wissen, woher das Bächlein käme. Da sprach der Großvater: „Hört zu, ich will Euch eine Geschichte erzählen.

„Tief in der Erde war einmal ein Wassertröpflein. Weil es aber so dunkel in der Erde und das Wassertröpflein so ganz allein war, so gefiel es ihm gar nicht, und es ging in der Erde weiter. Da traf es ein anderes Wassertröpflein und noch eins und noch eins und immer mehr und immer mehr, und

die gingen alle mit ihm. Weil es nun aber so viele Tröpflein waren, so hatten sie große Kraft bekommen und sagten: „Wir wollen da oben ein Loch in die Erde bohren und hinausgucken, daß wir die Sonne sehen können." Und sie machten richtig ein Loch und guckten hinaus und sahen die Sonne und den Himmel. O, wie war da Alles so schön! Sie mochten aber nicht still sein, sondern flüsterten und murmelten vor Freuden. Da kamen noch mehr Tröpflein hinterher, und dann noch mehr und noch mehr, die hatten die Freude gehört und wollten den Himmel auch sehen. „Ei, das ist eine klare Quelle!" sagten die munteren Kinder, die gerade da waren. Und sie schöpften mit den Händen und tranken davon; aber das Wasser wurde nicht alle, es floß immer mehr aus dem Loche. Da hatte es keinen Platz mehr, und die ersten Tröpflein liefen weiter und weiter und andere folgten hinterher. So gingen sie wie eine Schlange ein Stückchen durch das Gras und kamen an den blauen und gelben, rothen und weißen Blümchen vorüber, die sagten: „O wie schön, wie schön! Da kommt ein Bächlein! Bleibe hier, liebes Bäch= lein und spiele mit uns!" „Nein, nein," sagte das Bächlein, „ich muß weiter gehen!" Und wie es ein Stückchen weiter kam, lief ein anderes Bächlein von der Seite her und sagte: „Guten Morgen! mein Bruder, nimm mich mit!"

„Ja, komm mit mir," sagte das Bächlein. So gingen sie zusammen weiter und weiter; und als hernach noch viele andere Bächlein kamen, nahm sie der Bach auch noch mit. Davon wurde er immer größer und breiter und stärker. Wie das die Leute sahen, sagten sie: „Seht nur, das Bächlein ist ein großer Fluß geworden!" Als das Bächlein noch ganz klein war, sprangen die Kinder darüber hin; als es aber ein großer Fluß geworden war, da bauten die Menschen eine Brücke über ihn hin und gingen nun hinüber und herüber.

Wenn eine Mühle an seinen Ufern stand, so drehete der Fluß ihre Räder, und wer Etwas zu tragen hatte, lud es auf ein großes Schiff. Dann nahm der Fluß das Schiff auf seinen Rücken und trug es mit sich fort, weit fort bis an eine Stadt mit großen Häusern und hohen Thürmen, oder bis in das große, tiefe Meer. Dort im Meere kommen die Flüsse alle zusammen und bleiben darin, bis der liebe Gott sie hinauf nimmt an den Himmel und Wolken werden läßt. Wenn es dann auf der Erde sehr heiß ist und die Pflanzen durstig sind, so läßt der liebe Gott die tausend und abertausend Tröpfchen auf die Erde wieder hernieder regnen. Dann tränken und erfrischen sie die Blumen und alle Gewächse und bringen wieder in die Erde ein, von wo sie zuerst hergekommen."

6. Das Tröpflein.

Tröpflein muß zur Erde fallen,
Muß das zarte Blümchen letzen,
Muß mit Quellen weiter wallen,
Muß das Fischlein auch ergötzen,
Muß im Bach die Mühle schlagen,
Muß im Strom die Schiffe tragen.
Und wo wären denn die Meere,
Wenn nicht erst das Tröpflein wäre?

7. Des Wassers Rundreise.

„O du lieblicher Geselle,"
Sprachen Blumen zu der Welle,
„Eile doch nicht von der Stelle!"
Aber jene sagt dawider:
„Ich muß in die Lande nieder,
Weithin auf des Stromes Pfaden
Mich im Meere jung zu baden;
Aber dann will ich vom Blauen
Wieder auf euch niederthauen."

Anemone.

8. Anemone, Gänseblümchen und Hahnenfuß.

Großvater: Die meisten Pflanzen, die im Frühling die Wiese schmücken, sind freilich längst verblüht. Die Anemone kann ich Euch jetzt nur noch im Bilde zeigen. Mit ihren weißen oder blaß-röthlichen, sechsblättrigen Blumen blüht sie schon im April auf und bedeckt oft weit und breit das junge Wiesengrün, daß es aussieht wie lauter weiße Sterne. Da sie so zeitig im Jahre aufblüht, so macht sie uns viel Freude. Aber sie gehört zu den Giftpflanzen, und namentlich die Wurzel und die Blüten sind giftig; darum pflücken sie die Kinder auch nicht so gern zu Sträußen, sondern lassen sie stehen und greifen lieber nach dem Gänseblümchen, das ihnen mit den kleinen, gelben Sonnen in der Mitte und den weißen Strahlen am Rande überall in Gärten, auf Grasplätzen und Wiesen entgegen lacht.

Anna: Ei ja, das Gänseblümchen habe ich recht gern. Es blüht gerade, wenn die Veilchen blühen; da habe ich es oft vor dem Thore im Grase gesucht, und die Veilchen dazu habe ich an den Hecken gefunden. Veilchen und Gänseblümchen — blau, gelb und weiß — o, das giebt herrliche Sträußchen! Die habe ich der lieben Mama gebracht, und diese hat sich recht darüber gefreut und sie in ein Wasserglas gesteckt, da sind sie lange frisch geblieben.

Großvater: Das Gänseblümchen nimmt aber nicht so schnell von uns Abschied, wie das Veilchen und andere Frühlingsblumen. Seht, dort steht es noch überall, und im Herbste thut es zuletzt seine hellen Guckäuglein zu.

Hans: Auch der scharfe Hahnenfuß mit der glänzenden goldgelben Blume hier sieht recht hübsch aus. Wie schade nur ist es, daß er giftig ist.

Scharfer Hahnenfuß.

Gänseblümchen.

Ich habe gehört, daß kein weidendes Thier diese Pflanze anrührt, obgleich sie nicht selten ganze Wiesenflächen bedeckt. Diese Thiere gehen nicht in die Schule und wissen dennoch recht gut, was giftig und nicht giftig ist.

Ernst: Der Hahnenfuß soll giftig sein? Das glaube ich nicht; ich habe ihn oft gepflückt und große Sträuße davon in der Hand getragen, aber ich bin doch nicht umgefallen.

Großvater: Das wäre ja auch gleich zu schlimm, wenn so ein Ernst umfallen wollte. Durch bloßes Anfassen kann man sich allerdings nicht damit vergiften; aber verzehren dürftest Du den scharfen Hahnenfuß nicht, denn das würde Dir übel bekommen.

Ernst: Nein, lieber Großvater, das mag ich auch nicht; viel lieber verspeise ich ein Stück von meinem Butterbrote. Darf ich?

Großvater: Ich habe nichts dagegen; aber hebe dir nur Etwas auf, daß Du hernach nicht vor Hunger umfällst.

9. Auf der Wiese.

Viel tausend Blumen stehen
Im Sonnenglanze hier!
Kann sie nicht alle sehen,
Wünsch' aber alle mir.

Hätt' ich doch tausend Augen
Und Hände ohne Zahl!
Könnt' sie wol alle brauchen,
Die Wiese pflückt' ich kahl!

Möcht' alle Blumen bringen
Den lieben Eltern mein,
Zu ihnen lustig springen
Mit hundert Sträußelein.

Jed' Blümlein freundlich nicket,
Als wollt's mit mir nach Haus!
Ich habe schon gepflücket
Den allerschönsten Strauß.

10. Wann auf der Wiese geerntet wird.

Großvater: Die reichste Blumenpracht, Kinder, könnt Ihr auf der Wiese vor der ersten Heuernte sehen. Da sieht es hier gar prächtig aus. Blau und gelb, weiß und roth ist das grüne Graskleid geschmückt, so schön, wie kein Maler es malen kann. Dann aber kommt zu Anfang Juni die Sense, und wenn sie die frischen Grashalme abschneidet, verschont sie auch die Blumen nicht.

Hans: Wie die Leute das Heu machen, lieber Großvater, das weiß ich schon, die Arbeiter haben es mir heut früh erzählt.

Ernst und Anna: Und wir haben es auch mit angehört.

Großvater: Nun, das ist schön. Hört aber weiter! Wenn die Heuernte vorüber ist, so schickt der liebe Gott Regen und Sonnenschein, da fangen Gras und Blumen wieder an zu wachsen. Die Wiesen, welche im Thale, vielleicht an einem Flusse, liegen und recht wasserreich und fruchtbar sind, stehen dann nach sechs oder acht Wochen wieder voll Gras, daß sie noch einmal abgemähet werden können. Auf solchen Wiesen wird alsdann das zweite Heu oder Nachheu geerntet. Diese Heuernte, die Ihr jetzt mit ansehet, ist die Nachheuernte, welche oft mit der Ernte auf dem Felde zu gleicher Zeit stattfindet. Auf jenen Wiesen, die Ihr dort in der Ferne am Berge liegen seht (sie werden, weil sie eben an und auf dem Berge liegen, Bergwiesen genannt), ist jetzt keine Heuernte. Auch die Waldwiesen, das sind solche Wiesen, die bisweilen ringsum von Wald umgeben sind, haben gewöhnlich keine Nachheuernte. Wenn aber der Herbst herankommt, so ist auf ihnen das Gras auch wieder so groß geworden, daß es noch einmal geschnitten werden kann.

Ernst: Giebt es dann noch einmal Heuernte?

Großvater: Ja, man nennt das im Herbst gewonnene Heu aber Grummet; das ist also die Grummeternte.

Hans: Ist die Grummeternte gerade so wie die Heuernte?

Großvater: Nein, sie ist gewöhnlich nicht so reichlich.

Hans: Machen denn die Leute das Grummet eben so wie das Heu?

Großvater: Freilich.

Anna: Die Grummeternte ist wol gerade, wenn die Pflaumen reif sind? Nachbars Lottchen ging im vorigen Jahre auch mit „Grummet machen," da hat sie sich die ganze Schultasche voll Pflaumen mitgenommen; denn sie sagte, sie müßte den ganzen Tag auf der Wiese bleiben.

Ernst: Ei, da hätte ich mögen mitgehen!

Großvater: Du hast die Zeit richtig angegeben. Es ist etwa dieselbe Zeit, wenn Eure Herbstferien sind.

Hans: Werden denn die tiefgelegenen und fruchtbaren Wiesen, die schon einmal abgeerntet sind, auch noch einmal gemähet?

Großvater: Ja. Einige Wiesen werden also zweimal, die besten sogar dreimal im Jahre gemähet. Wenn die Grummeternte vorüber ist, dann ist es auch mit den Blumen vorbei. Nur eine blaßrothe ohne Blätter und Stengel aus der Erde kommende Blume, die dem weißen, gelben oder blauen Frühlingskrokus ähnlich ist, findet sich noch ein: das ist die Herbstzeitlose oder der Wiesensafran. — Warum mag diese Blume wol Zeitlose heißen?

Hans: Weil sie zu einer Zeit erscheint, in welcher andere Blumen verblühen.

Großvater: Ganz recht. Sie hat sich verspätet, kommt außer der Zeit, darum hat man sie Zeitlose genannt. Diese Giftblume ist besonders dadurch merkwürdig, daß sie ihre Blätter, die den Tulpenblättern ähnlich sind und die beutelartige Samenkapsel umschließen, ein ganzes halbes Jahr, nämlich im nächsten Frühjahr, erst nachbringt. Wir können an ihr also nie Blätter und Blüte zu gleicher Zeit betrachten. Ich habe ein hübsches Bild von der Herbstzeitlose, das mögt Ihr Euch ansehen.

Herbstzeitlose.

Anna: Mir sind die Blumen am liebsten, die ich habe. Hier blühen ja so viele, viele. Ich sehe Storchschnabel, Kreuzkraut, Butterblumen, Wucherblumen, Wiesenflockenblumen, Ehrenpreis, die Pechnelke und Kukukslichtnelke, Gänseblümchen, Vergißmeinnicht und noch viele andere. Davon werde ich mir sogleich einen großen Strauß pflücken, den soll die gute Großmama daheim erhalten.

Hans: Und ich werde mir einige hübsche Arten für meine Pflanzensammlung aussuchen.

Ernst: Großvater, und was wollen wir thun? Wollen wir die bunten Schmetterlinge da drüben haschen?

Großvater: Ich weiß wol, Ernst, daß Du ein kleiner Springinsfeld bist, aber die Schmetterlinge dürften doch noch schneller sein, als Du.

11. Knabe und Schmetterling.

Kn. Schmetterling, Dich werd' ich fassen!

Schm. O, das wirst Du bleiben lassen.

Kn. Paß' nur auf!

Schm.   So greif doch zu! — —

Kn. Ach, Du böser Vogel Du!

Schm. Ja, hättest Du Flügel und könntest Dich schwingen,
   Mein Knabe, so möchte Dir's wol gelingen!

   Da lief der Knabe, weil er nicht fing
   Den leichtbeschwingten Schmetterling,
   Davon, und dachte in seinem Sinn:
   So fliege mein'twegen nur immer hin,
   Hab' ich doch Füße! Hei, wie sie springen!
   Was brauch' ich mich da in die Luft zu schwingen!

12. Das Heupferdchen.

Halt, halt, du munteres Thierchen du!
Du hüpfst ja so flink und ohne Ruh!

Komm, sei mein Pferdchen, o nimm mich mit!
Das wäre ein lustiger, lustiger Ritt!

Ein Blättchen als Sattel, ein Dörnlein als Sporn,
Ein Hälmlein als Peitsche und Jägerhorn!

So reiten wir in die weite Welt,
Galoppiren durch Wald und Wiese und Feld!

Ei, Gäulchen, du hüpfst ja vorüber allein! —
Ich bin dir zu groß? — Du bist mir zu klein!

13. Die Käfer.

1. Die Käferhochzeit auf der Wiese.

Zwischen den Grashälmchen fliegen und kriechen auch zahllose Käfer. Es muß wol ein Fest sein; denn sie haben sich schön geputzt und sind so geschäftig und heiter. Da sind die Rothjacken, die Goldschmiede, die grünen Jäger, die Kneiper, die Nußbraunen, die Grützmüller und wie sie alle heißen, die laufen und fliegen, summen und brummen, und das ist lauter Freude. Aha, es ist eine Braut im Hause, Marienkäferlein will Hochzeit halten!

Der Eisenhut will Wagen sein,
Die schöne Braut setzt sich hinein.

Ich sehe auch schon Reiter vorn,
Es sind die stolzen Rittersporn.

Die Blumen roth, weiß, gelb und blau
Leih'n ihren Schmuck der Braut zur Trau.

Das ist ein Jubel und ein Fest —
Jetzt kommen auch die Hochzeitsgäst'!

Die bringen allesammt herbei
Geschenke viel und mancherlei.

———

2. Was die Gäste zur Käferhochzeit mitbringen.

Jeder soll willkommen sein!
   Kommt herein! Kommt herein!

Bienlein, sprich, was bringst du heim?
   „Honigseim! Honigseim!"

Fliege, was schaffst du zur Kost?
   „Milch und Most! Milch und Most!"

Wespe, was trägst du uns ein?
   „Näscherei'n! Näscherei'n!"

Schmetterling, was bringst du nach Brauch? —
   „Blumenhauch! Blumenhauch!"

Spinnchen, was hast du bereit?
   „Hochzeitkleid! Hochzeitkleid!"

Und Goldkäfer, dein Geschenk?
  „Gold die Meng'! Gold die Meng'!

Was trägst du, Glühwürmchen, ein?
  „Kerzenschein! Kerzenschein!"

Bremse, was bringst du für Glück?
  „Tanzmusik! Tanzmusik!

Mücke, du kamst leer zum Fest? —
  „Tanzen ist das Allerbest'!
  Leichte Füße, leichter Sinn,
  Nehmt mich zum Tanzmeister hin!
  Juchhe!"

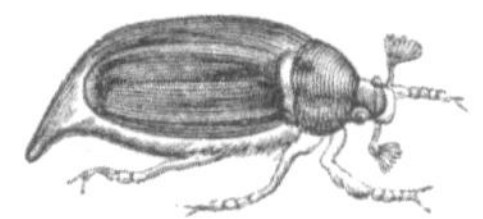

14. Der Kiebitz.

Großvater: Wir werden kaum weiter gehen können, Kinder; denn da ist ein großer Sumpf; diese Wiesen hier liegen schon sehr tief, es wird naß an den Füßen.

Ernst: O, ein Stück werden wir schon noch weiter kommen, lieber Großvater; ich möchte gern die Vögel in der Nähe sehen, die da drüben fliegen.

Großvater: Nun, weil das Deine Vettern, d. h. weil sie ebenso unruhig und beweglich sind, wie Du, so müssen wir ihnen schon einen Besuch abstatten.

Hans: Es sind Sumpfvögel; wie heißen sie aber, Großvater? Aha, ich höre es schon an ihrem Ruf: „Kiebitz! Kiebitz!"

Ernst: Kiebitze? Ei, da wollen wir doch Kiebitzeier suchen, die sollen ja sehr gut schmecken!

Großvater: Nicht doch, da würdest Du den armen Vögeln sehr wehe thun. Wenn Jemand in die Nähe ihres Nestes kommt, so wird er vom Männchen und Weibchen unaufhörlich umkreist und um Schonung angerufen. Ihr ängstliches Schreien bedeutet immer: „Thu' unserm Nestchen nichts zu Leide!" Wenn sie Eier oder Junge haben, so sind sie sogar ziemlich muthig und zahlen die Krähen und andere Vögel, welche ihrem Neste zu nahe kommen, tüchtig mit Schnabelstößen aus. — Bleibt ruhig stehen, Kinder, damit wir sie beobachten können.

Hans: Ein Kiebitz sieht doch recht hübsch aus. Kehle und Brust sind tiefschwarz, der Bauch ist weiß, und der Rücken schillert wie dunkelgrünes Gold und glänzt wie braune Bronze.

Ernst: Am schönsten gefällt mir der lange Federbusch, den er auf dem Kopfe trägt.

Hans: An den langen, nackten Füßen kann man gleich sehen, daß der Kiebitz ein Sumpfvogel ist.

Großvater: Man darf ihn auch schon darum zu den Sumpfvögeln rechnen, weil er sich immer auf feuchten, sumpfigen Wiesen aufhält. Er verzehrt gern Insekten, Regenwürmer und Schnecken, und da er dieselben bei uns im Winter nicht haben kann, so zieht er fort und sucht wärmere Gegenden auf. Zeitig im Frühjahr aber, schon im März, kehrt er wieder zurück. Er ist also auch ein Zugvogel, gerade wie der Storch, den Ihr ebenfalls dort drüben im Sumpfe stehen sehen könnt.

15. Der Storch.

Der Storch da im Sumpfe sieht wirklich recht gelehrt aus. Alle Leute sagen auch, daß er ungeheuer gescheidt sei; woher mag er das nur haben? — Das hat er von seinen weiten Reisen. Fragt ihn nur, wie es in Aegypten aussieht, wo die hohen Steinhäuser stehen, welche die Leute Pyramiden nennen, und wo ein großer Fluß, der Nil, alle Jahre das Land überschwemmt, und wo die Palmenwälder rauschen, und wo noch viele andere Merkwürdigkeiten sind. Das Alles und viele Städte und Dörfer dazu hat der Storch gesehen und kann Euch davon erzählen. Davon ist der Storch so klug geworden, und darum sieht er so gelehrt aus. Unser Ernst sieht auch sehr gelehrt aus. Ich will ihm jetzt ein Räthsel aufgeben, das wird er sogleich errathen.

Auf unsrer Wiese gehet was,
Watet durch die Sümpfe,
Hat ein weißes Jäcklein an,
Trägt auch rothe Strümpfe,
Fängt die Frösche: schnapp wapp wapp!
Klappert lustig: klapper di klapp!
Wer kann das errathen!

Kind und Kuh.

16. Das Pferd und die Kuh.

Der Storch. Nun, das wäre richtig gerathen, und es war doch so schwer! Der Storch ist ein tüchtiger Froschjäger; er treibt die Froschjagd auf der Wiese eben so gut als im Sumpfe oder Bache. Wenn er durch das Gras schreitet, so hebt er seine langen Beine vorsichtig in die Höhe, damit er ja kein Gras- hälmchen zertritt. Es wäre auch Schade um das schöne Gras; der liebe Gott hat es ja nicht wachsen lassen, damit es entzwei getreten werden soll, sondern zum Futter für die Thiere, namentlich für die Kühe und Pferde. — Die Pferde werden in manchen Gegenden wol auch auf den Wiesen gehütet, zumeist aber müssen sie sich mit Heu und Grummet begnügen. Damit sind sie auch ganz zufrieden, denn das Heu gehört nächst dem Hafer zu ihrer besten und liebsten Nahrung. — Die Kühe dagegen bekommen nur da Heu, wo es viele Wiesen giebt; sie werden aber fast überall im Herbste auf den Wiesen gehütet, zuweilen in ganzen Herden, zuweilen auch einzeln.

Da drüben steht auch eine Kuh. An einem langen Stricke, der um einen Baum geschlungen ist, kann sie in einem weiten Kreise das Gras umher abfressen. Sie verachtet es auch nicht, wenn ein gutes Kind herbei kommt und ihr eine Hand voll würziger Kräuter reicht und daneben noch die garstigen Fliegen abwehrt. Das Kind soll auch morgen früh eine Tasse Milch mehr als sonst zum Frühstück bekommen.

17. Der Hirtenhund.

Ein alter Hirtenhund, der seines Herrn Vieh treulich bewachte, geht Abends heim. Da kläffen ihn die Polsterhündlein auf der Gasse an. Er trabt vor sich hin und sieht sich nicht um. Als er vor die Fleischbank kommt, fragt ihn ein Fleischerhund, wie er das Gebell leiden könne und warum er nicht einen beim Kragen nehme. „Nein," sagte der Hirtenhund, „es zwickt und beißt mich ja keiner; ich muß meine Zähne für die Wölfe haben."

18. Mein Schäfchen.

So lieb wie mein Schäfchen,
So gut ist kein Thier;
Es hüpfet und springet
Und spielet mit mir.

Hell klinget das Glöckchen
Am rothseidnen Band;
Die buntesten Kränze
Dem Schäfchen ich wand.

Die putzen es prächtig
Und stehn ihm so fein.
Kein andres kann netter
Und zierlicher sein!

19. Hirt, Hirtenhund und Schafherde.

Neben den Kühen weidet friedlich die Schafherde. Der Hirt ist ein alter Mann. Als er noch jung und kräftig war, arbeitete er bei einem Bauer und verrichtete schwere Arbeiten. Da hat er gemähet und Garben aufgeladen, in der Scheune gedroschen und schwere Säcke voll Getreide auf den Boden getragen; jetzt sind seine Hände steif, seine Beine matt und müde geworden. Es ist gut, daß er einen flinken und wachsamen Gehülfen hat, seinen treuen Hund.

Schön sieht der Hirtenhund zwar nicht aus, aber er ist seinem Herrn doch sehr werthvoll. Er beschützt und bewacht die Herde mit großer Aufmerksamkeit. Wollte ein Näscher da hinüber laufen nach der jungen Saat oder nach dem duftenden Kleefelde, es würde ihm übel bekommen. Auch achtet der gute Hund darauf, daß kein Schaf sich von der Herde entfernt und zu Schaden kommt. Er kennt die seinen ganz genau und weist den fremden Eindringling zurück. Die Schafe können froh sein, daß so treue Wächter, wie der Hirt und sein Hund, sie bewachen.

4*

Man sagt zwar, das Schaf sei ein recht dummes Thier; und es mag auch wol wahr sein, daß es das Pulver nicht erfunden hat. Aber so viel ist auch gewiß, daß es sehr sanft und gutmüthig und besonders sehr nützlich ist. Es giebt uns feine Wolle zu Strümpfen und Tuch, liefert Talg zu Seife und Lichten, Leder zu Schuhen und Handschuhen, Saiten zu Violinen und dem großen Brummbasse und endlich schmackhaften Braten.

Ich habe die Schäfchen recht gern, sie sind so gut und sanft und thun keinem Menschen etwas zu Leide. Kleine Lämmchen springen lustig umher, wie Kinder; alte Schafe dagegen gehen langsam und bedächtig und sehen immer ernst aus.

20. Ein Unterirdischer.

Anna: Was sind das für kleine Erdhaufen, die dort überall auf der Wiese stehen?

Ernst: Das weiß ich, Anna; das sind Maulwurfshügel. Gieb Acht, jetzt werd' ich Dir einen Herrn Maulwurf, einen ganz hübschen Schwarzrock, haschen. Komm, Bello, Du sollst mir helfen!

Großvater: Ihr werdet Euch beide umsonst bemühen, denn es ist nicht leicht, einen Maulwurf zu erwischen. Der Maulwurfsfänger fängt ihn fast nie lebendig, sondern er erwürgt ihn mit einer Drahtschleife, die er mittels kleiner Hölzchen, ähnlich wie bei der Mäusefalle, in seinem Gange aufstellt.

Hans: Der Maulwurf verursacht wol großen Schaden?

Anna: Das siehst Du ja, er deckt Gras und Pflanzen mit Erde zu, und das ist doch gewiß nicht schön.

Hans: Vielleicht frißt er auch die Wurzeln ab, das ist noch schlimmer.

Großvater: Nein, das thut er nicht, obschon es viele Leute glauben und darum so bitterböse auf ihn sind. Im Gegentheil, er verzehrt täglich viele Maden, Würmer und Engerlinge, welche den Pflanzen die Wurzeln abfressen und dadurch großen Schaden anrichten. Ihr seht, der Maulwurf ist sogar den Menschen sehr nützlich und sollte darum überall gehegt und gepflegt werden,

wo es auf ein Häufchen Erde mehr oder weniger auf dem Erdboden nicht an-
kommt. Sind nur wenige Maulwürfe an einem Orte, so kann man sich ja
leicht dadurch helfen, daß man die aufgeworfene Erde mit einem Spaten oder
einer Schaufel von Zeit zu Zeit auseinander streuet.

Anna: Sieh, lieber Großvater, Du hattest Recht, Ernst und Bello
kommen leer wieder, sie haben nichts gefangen. — Nun sage uns aber doch,
wie sieht denn ein Maulwurf aus?

Großvater: Schwarz sieht er aus, denn er hat ein schwarzes, glänzen-
des Pelzröcklein an. Seine Augen sind sehr klein und ganz mit Pelzhaaren bedeckt,
daß man sie nicht sehen kann. Er hat schaufelförmige Hände an den Vorder-
füßen und einen Rüssel mit acht Vorderzähnen. Diese Schaufeln und dieser
Rüssel kommen ihm sehr zu statten, denn damit gräbt er von seiner Höhle aus
viele und weite Gänge unter der Erde, in welchen er seiner Nahrung nachgeht.
Gewöhnlich hat er einen großen Hauptgang, welcher ziemlich breit ist und gern

auch von anderen Thieren, z. B. Käfern, Kröten und Mäusen benutzt wird. Die Spitzmaus, welche sich doch auch auf Erdarbeiten versteht, liebt es besonders, auf der breiten Straße des Maulwurfs zu wandeln, statt sich selbst einen bequemen Weg zu bahnen. Aber wehe ihr, wenn ihr der Herr Maulwurf begegnet. Er beißt sie ohne Gnade todt und verzehrt sie; und eben so geht es den Maden und Würmern, welche sich in seinem Reiche blicken lassen.

Hans: Der Bello! Der Bello! Er hat doch noch Glück auf der Jagd gehabt, ein Mäuschen hat er gefangen. Großvater, was ist das für eins?

Großvater: Es ist eine Brandmaus, auch Wiesenmaus genannt, weil sie namentlich häufig auf Wiesen vorkommt.

Anna: Pfui! Bello, wirf das häßliche Thier fort, ich fürchte mich sonst.

Hans: Nun Anna, ich dächte, das wäre nicht nöthig. Sieh nur, das rostbraune Thierchen mit dem schwarzen Streifen auf dem Rücken sieht wirklich ganz hübsch aus.

Ernst: Ja wol, es sieht sehr hübsch aus, und wer sich fürchtet, ist ein Hase. Ich fürchte mich nicht.

Großvater: Du willst ja ein Soldat werden. Einem Soldaten würde die Furcht schlecht anstehen. — Aber kommt, Kinder, wir wollen nach Hause gehen!

Hans: Anna, so stimme denn Dein Lieblingslied an: „Wenn die Schwalben heimwärts ziehn!"

Heut' ist Sonntag. Das ist ein Ruhetag für die großen und kleinen Leute.
Auf den Feldern wird nicht gearbeitet, und auch zu Hause wird nur das Nöthigste
besorgt. Die Leute ziehen ihre besten Kleider an, gehen in die Kirche und sin=
gen und beten. Der Großvater geht auch in die Kirche und predigt auf der
Kanzel vom lieben Gott. Da hören alle Leute andächtig zu, dann singen und
beten sie wieder, und wenn der Gottesdienst zu Ende ist, gehen sie heim in

ihre Häuser. Wir werden heute auch in die Kirche gehen; wenn wir dann zum Papa und zur Mama kommen, wollen wir ihnen Alles erzählen, was wir gehört und gesehen haben. Einen größeren Spaziergang unternehmen wir heute nicht. Die Luft ist schon am Vormittag sehr schwül; der Großvater sagt, wir würden wol am Nachmittag Gewitter bekommen. Wenn es nicht regnet, so unternehmen wir mit dem Großvater gegen Abend einen kleinen Gang um und durch das Dorf, auch den Schloßgarten und den großen Teich werden wir besuchen, das hat uns der Großvater versprochen.

Die Glocken läuten schon, die Leute ziehen zur Kirche. Wir gehen mit ihnen.

2. Des Kindes Sonntagsschmuck.

Der Sonntag ist der schönste Tag,
Da läuten uns die Glocken wach,
Das ganze Haus ist schmuck und rein
Und hell wie lauter Sonnenschein.

Viel stiller ist's, als andre Zeit,
Und überall ist Sand gestreut,
Das Kind zieht an die neuen Schuh
Und's schöne Sonntagskleid dazu.

Denn wenn wir in die Kirche gehn,
So wird der liebe Gott uns sehn;
Zu treten vor sein Angesicht
Im Alltagskleide, schickt sich nicht.

Doch lieber, als das schönste Kleid,
Sieht Gott ein Herz voll Frömmigkeit:
Das Kind, das betend zu ihm blickt,
Das hat am schönsten sich geschmückt.

trinken. Im Garten ist's gar schön. Da blühen die herrlichsten Blumen:
Levkojen, Nelken, Astern, Georginen, Malven, Rittersporn, Resede und
andere; denn es ist ein Blumengarten. — Neben dem Blumengarten, nur
durch eine kleine Hecke von ihm getrennt, liegt ein großer Obstgarten, in
welchem Kirsch=, Aepfel=, Birn=, Pflaumen= und andere Obstbäume ste=
hen. — Der Nachbar zur Rechten aber hat einen Gemüse oder Küchengarten,
der ist auch nicht schlecht. Darin wachsen Gurken, Salat, Zwiebeln, Kohl=
rabi, Spargel, Bohnen, Zuckerschoten u. s. w. — Einen Kunstgarten mit
schönen Anlagen findet man auf dem Dorfe freilich nicht; aber in der Stadt
ist einer gleich am Thore, der wird von den Stadtleuten fleißig besucht, wenn
sie zu einem Feste oder Geburtstage Blumen kaufen wollen. Der Gärtner

muß sich rühren und Spaten, Harke, Hacke, Gießkanne, Baumsäge, Garten=
messer und Raupenschere fleißig.brauchen, wenn er schöne Blumen und wohl=
schmeckendes Obst und Gemüse ziehen will. Er hat aber auch viel Freude,
wenn seine Pflänzchen frisch emporwachsen.

Du möchtest wol einen Garten haben? — Nun, wenn Du groß bist, so
kaufst Du Dir einen. Dann pflanzest Du Blumen, Beerensträucher, Obst=
bäume, und auch den Wein wirst Du nicht vergessen. Heute magst Du Häns=
chen, Ernstchen und Aennchen besuchen; einen Blumenstrauß, ein paar süße
Beeren und einige Aepfel und Birnen wirst Du gewiß bekommen.

4. Knabe und Biene.

B.   Was stellst Du Dich in meinen Flug?
    Ist Dir der Weg nicht breit genug?

K.   Wollt' sehen, wie zu dieser Frist,
    Mein Bienchen, Du so fleißig bist.

B.   Hinweg! denn bei so schönen Tagen
    Muß ich gar emsig Honig tragen.

    Der Knabe dacht' in seinem Sinn:
    Das sagt sie, weil ich müßig bin.
    Ging an die Arbeit frisch sodann,
    War fleißig, ward ein ganzer Mann. —
    Die Biene, die ihn das gelehrt,
    Hat er sein Leben lang geehrt. —

5. Mein Gärtchen.

Dort in der Ecke,
Dicht an der Hecke,
Hab' ich ein niedliches Gärtchen gemacht.
Das müßt ihr sehen! O welche Pracht!

Quer und der Länge
Führen zwei Gänge,
Hab' sie mit schimmerndem Sande bestreut.
Ei, wie das putzet! Wie mich das freut!

Und hier die Beete!
Eins mit Resede,
Dies mit Levkojen und dort Akelei —
Jenes da hab' ich für Kirschen noch frei.

Wolke, bring' Regen,
Sonne, gieb Segen!
Gärtchen, o Gärtchen, wie gern pfleg' ich dich,
Wachse und blühe, erfreue mich!

6. Gäste im Garten.

Der Garten hat im Sommer alle Tage Gäste. Die Kinder gehen gern in den Blumengarten und spielen. Aber sie dürfen nicht auf die Beete treten und ohne Erlaubniß auch keine Blume abpflücken, damit die Eltern und Geschwister und die anderen Leute, die in den Garten kommen, sich über die Blumen freuen können. Auch den Obstgarten lieben die Kinder und springen gern unter den Bäumen im Grase umher. Wenn das Schneeglöckchen geläutet hat, blühen da an der Hecke die blauen Veilchen. Im Sommer giebt es schönes Obst. Das dürfen die Kinder auch nicht abpflücken, wenn es die Eltern nicht haben wollen. Ist das schlimm? O nein, die Eltern sind gut, und artige Kinder gehen nie leer aus.

Der Obstgarten hat auch noch andere Gäste. Im Frühjahr, wenn die Bäume Blätter gewinnen, kommt das Räupchen und sagt: „Hier ist mein Tisch gedeckt!" und fängt an zu essen. Wenn der Kirschbaum blüht, kommt das Bienlein und sagt: „Hier ist auch Etwas für mich", und schlürft süßen Honigseim. Wenn die Kirschen reif sind, kommt das Spätzlein. Das sagt gar nichts, sondern setzt sich auf die Zweige mitten zwischen die rothen Kirschen und frißt tapfer drauf los. Das ist dem Gärtner gar nicht recht; er sucht es mit Lumpen, Klapper und Vogelflinte fern zu halten. Der Apfelbaum wird von den kleinen Mägdlein und Buben und selbst von den großen Leuten gar gern besucht.

Die Biene ist auch im Blumengarten ein täglicher Gast, und der Schmetterling auch. Die eine ist fleißig, saugt den Honig aus den Blumen und trägt ihn emsig in ihre Zellen; der andere spielt und tändelt nur auf den Blüten und flattert lustig im Sonnenschein. Auch zahllose Käfer und Würmlein sind im Garten, die sich alle ihres Lebens freuen.

7. Das erste Veilchen.

Kaum ist von Schnee der Garten leer
Und noch der Rasen grau;
Doch, liebe Schwester, schau nur her:
Was lacht mich an so blau?

Was hat der warme Sonnenschein
So früh hier aufgeweckt?
Was ist das für ein Blümelein,
Das sich in Moos versteckt?

Ein Veilchen, Veilchen! O, wie schön!
Mit seinem süßen Duft
Füllt es, blüht es auch ungesehn,
Ringsum die milde Luft.

Hab' Dank, du Veilchen süß und blau,
Das uns den Frühling bringt!
Bald zieht er ein in Flur und Au;
Drum jubelt, singt und springt!

8. Des Kirschbaums Gäste.

Der Kirschbaum grünt an Zweig und Ast,
Da hat er auch schon einen Gast.
Am jungen Grün und zarten Blatt
Frißt sich das Räuplein voll und satt.

Der Kirschbaum blüht an Zweig und Ast,
Da hat er wieder einen Gast.
Das Bienchen findet Honigseim
Und trägt ihn in die Zellen heim.

Und sind der Wochen sechs vorbei,
So kommen gar der Gäste zwei.
Kennst du sie wol? Sag' es geschwind:
Es ist das Spätzlein und — das Kind.

Räthsel.

Erst weiß wie Schnee,
Dann grün wie Klee,
Dann roth wie Blut,
Und ißt man's nun, dann schmeckt es gut.

Im Garten steht ein Apfelbaum,
Giebt reichlich Schattenkühle;
Da träum' ich oft den schönsten Traum
Auf weichem Rasenpfühle.

Und sind die Aepfel reif, sodann
Beschenkt er mich aufs Beste.
Ich schüttle, was ich schütteln kann,
Und steige auf die Aeste.

Und ess' mich satt und stecke ein
Für Mama und für Schwester.
Dir soll der schönste Dank auch sein,
Mein Apfelbaum, du Bester.

10. Spiel und Arbeit.

Wie mich das freut!
Seh' ich die Bienen und Schmetterling' fliegen
Oder auf duftenden Blüten sich wiegen. —
Wie mich das freut!

Fröhliches Spiel!
Schmetterling schaukelt sich selig in Lüften,
Naschet von Sonnenschein, Blüten und Düften.
Fröhliches Spiel!

Emsiger Fleiß!
Bienchen geschäftig zu köstlichen Gaben
Sammelt den Honig und trägt ihn in Waben.
Emsiger Fleiß!

Was ich da lern'?
Fröhlich zu sein von dem Falter; indessen
Auch von der Biene: den Fleiß nicht vergessen.
Das will ich lern'n!

11. Keinem Würmchen thu' ein Leid.

Keinem Würmchen thu' ein Leid!
Sieh, in seinem schlichten Kleid
Hat's doch Gott im Himmel gern,
Sieht so freundlich drauf von fern,
Führt es nach dem Grashalm hin,
Daß es ißt nach seinem Sinn;
Zeigt den Tropfen Thau ihm an,
Daß es satt sich trinken kann;
Giebt ihm Lust und Freudigkeit; —
Liebes Kind, thu' ihm kein Leid.

12. Gewitter und Regenbogen.

Großvater: Kinder, das Gewitter kommt früher heran, als ich dachte, der Sturm erhebt sich schon. Kommt herein in die Laube, hier sind wir vor Regen so ziemlich geschützt.

Anna: Ach, Großvater, ich fürchte mich, wir wollen lieber in die Stube gehen.

Großvater: Warum fürchtest Du Dich?

Anna: Weil es so heftig blitzt und donnert, und weil der Blitz uns tödten oder das Haus anzünden kann.

Großvater: Deshalb brauchst Du Dich nicht zu fürchten, denn der Blitz trifft ja nur selten ein Gebäude oder einen Menschen.

Hans: Ich habe gehört, daß er sehr gern in hohe Bäume oder Gebäude schlägt und daß man deshalb unter Bäumen oder Gebäuden bei einem Ge= witter nicht Schutz suchen dürfe.

Großvater: Das ist richtig. Wenn man bei einem Gewitter kein Haus erreichen kann, so ist es besser, unter freiem Himmel zu bleiben. Aber fürchten soll man sich nicht, denn Gott ist es, der die Gewitter schafft, und seine Hand ist jede Stunde über unserm Haupte. Und seht nur hin! Sieht es denn nicht sehr schön aus, wenn der Blitz wie eine feurige Schlange im Zickzack durch die Luft hinfährt?

Hans: O ja, lieber Großvater; aber der tiefschwarze Himmel, der rasende Sturm, die unaufhörlich zuckenden Blitze und das mächtige Rollen des Donners, das ist doch auch furchtbar.

Großvater: Darum nennen wir das Gewitter auch furchtbar schön.

Ernst: Seht, wie der Regen niedergießt! So sehr hat es wol noch nicht geregnet?

Großvater: Die Erde war auch sehr trocken, und die Pflanzen hingen traurig ihre Köpfchen. Nun trinken sie und werden bald wieder froh und heiter aussehen. Die Gewitter sind also auch nützlich, weil sie Menschen, Thiere und Pflanzen erfrischen.

Ernst: Aber Großvater, woher konntest Du denn heut Morgen schon wissen, daß ein Gewitter kommen würde?

Großvater: Weil die Luft so schwül war, und weil sich in der Ferne schon einige Gewitterwolken zeigten. — Seht, jetzt ist der Regen ziemlich vorüber, der Himmel ist wieder blau, die Sonne scheint, die Pflanzen sehen frisch aus! —

Anna: Und in der dunkeln Wolke dort der schöne, schöne Regenbogen! Das ist eine Pracht!

Großvater: Wie herrlich, Kinder! Mit dem frommen Sänger rufen wir aus: „Danket dem Herrn, denn er ist freundlich und seine Güte währet ewig!“

13. Es regnet.

Es regnet!
Gott segnet
Die Erde, die so durstig ist,
Daß ihren Durst sie bald vergißt!
O frischer Regen,
Du Gottessegen!

Es regnet!
Gott segnet,
Was lebt und webt in weiter Welt;
Für jedes Thier ein Tröpflein fällt!
O frischer Regen,
Du Gottessegen!

Es regnet!
Gott segnet
Den hohen Baum, den kleinen Strauch
Und all die tausend Blumen auch!
O frischer Regen,
Du Gottessegen!

Es regnet!
Gott segnet
Die Menschen alle väterlich;
Sein Himmelsthau erquickt auch mich!
O frischer Regen,
Du Gottessegen!

14. Sonnenschein.

Sonnenschein,
Klar und rein,
Leuchtest in die Welt hinein,
Machst so hell, so warm und schön
In den Thälern, auf den Höh'n,
Die du alle überstrahlst
Und so hold und lieblich malst.

Sonnenschein,
Klar und rein,
Kehre auch ins Herz mir ein!
Wenn ich habe heitern Sinn,
Wenn ich gut und freundlich bin:
Dann ist's in dem Herzen mein
Wunderbarer Sonnenschein.

15. Vom Vetter Andres.

Hans: Lieber Großvater, mir fällt was ein, das muß ich Dir erzählen, weil's gar zu komisch ist. — Als wir einmal bei Postraths zu Besuch waren, begoß Lenchen ihre Blumen im Garten. Es war gerade ein recht heißer Tag; schwarze Wolken standen am Himmel, und die Leute meinten, es müsse bald Regen geben. Da kam die Magd, die Rosel, und sagte: „Mach' schnell, Lenchen, daß Du fertig wirst mit dem Gießen, ehe es regnet!" Da mußten Alle lachen, und der Herr Postrath, der auch mit im Garten war, erzählte eine lustige Geschichte vom Vetter Andres.

Ernst: Ei, Vetter Andres! Von dem weiß ich viele lustige Geschichten. Vetter Andres giebt allen Kindern Bonbons, die ihm einen Strauß oder eine Blume bringen.

Anna: Vetter Andres, lieber Großvater, ist gar nicht unser Vetter; zu dem sagen alle Kinder „Vetter" und die großen Leute auch.

Großvater: Er ist sonach ein Allerwelts-Vetter.

Hans: Ja und ein kurioser Kauz dazu, wie Papa sagt. Also der Herr Postrath erzählte, einmal habe Vetter Andres, wie gewöhnlich mit seinem bunten Schlafrock, alten Pantoffeln und der breiten Trobbelmütze bekleidet, im Garten seine Blumen begossen, als es plötzlich zu regnen angefangen. Was that da der Vetter Andres? Er lief schnell in die Stube, holte seinen großen Regenschirm und begoß die Blumen weiter, bis das Wasser in der Gießkanne alle war.

Großvater: Da muß der Vetter Andres freilich ein kurioser Kauz sein.

Ernst: Großvater, ich hätte es nicht so gemacht; ich wäre schnell in die Stube gelaufen und — hätte durch die Fensterscheiben dem Regen zugeschaut.

Großvater: Das wäre auch klüger gewesen.

———⚹———

16. Wolken und Regen.

Woher der Regen kommt, weißt Du: aus den Wolken. Aber wie die Wolken entstanden sind, das weißt Du nicht? — Nun, ich will es Dir sagen. Wenn die Mutter in einem Topfe oder Kessel Wasser zum Kochen bringt, so steigen von demselben weißgraue Dämpfe in die Höhe, welche die Luft erfüllen. Gerade so ist es draußen im Freien. Es steigen da fortwährend aus der feuchten Erde, aus den Sümpfen, Flüssen, Teichen und Seen wässerige Dünste in die Höhe, die in den Morgenstunden zuweilen so dicht sind, daß wir sie deutlich sehen und vor ihnen fernere Gegenstände nicht erblicken können. Diese Dünste nennen wir Nebel. Meist aber steigen die feinen Dünste in die Höhe und werden erst in den höheren Luftschichten dicht und unseren Augen sichtbar. Das sind dann die Wolken, die über uns dahinziehen und von der Luft getragen werden. Sie sehen bald wie kleine, weiße Schäfchen aus, die munter auf der Weide hüpfen, bald sind sie dick und schwarz und wie hohe Berge gestaltet. Zuweilen überziehen sie den ganzen Himmel, daß man die Sonne gar nicht sehen kann.

Dann fängt es an zu regnen. Für die Gänse und Enten ist das eine wahre Luft; sie halten sogleich große Wäsche. Auch die kleinen Knaben und Mädchen springen wol manchmal hinaus in den warmen Regen; denn sie wollen gern groß werden. — Macht denn der Regen groß? — Ei ja, die Bäume, Blumen und die andern Pflanzen; die kleinen Kinder aber wachsen nicht davon. Daher ist es besser, sie bleiben bei einem Regen in der Stube und machen sich die Kleider nicht naß und schmuzig. Den Pflanzen ist der Regen Speise und Trank. Wenn es nicht regnet, so sehen sie traurig aus und lassen ihre Blätter herab hängen; kommt aber dann ein frischer Regen, so werden sie wieder froh, wie ein Büblein auf dem Spielplatze oder ein lustiges Fohlen auf grüner Weide. Ohne Regen gäbe es weder Brot, noch Kuchen, und auch süßes Obst, Weintrauben und Beeren könnte dann Niemand schmausen.

17. Der Morgenthau.

Die Nacht ist hin; sie hat geweint,
Als sie davon gegangen.
Ich seh ringsum im grünen Gras
Viel helle Thränen hangen.

Doch Blätter, Gras und Blümelein
Sind drüber voller Freuden.
Die Thränen, die die Nacht geweint
Früh Morgens noch beim Scheiden,

Die sehen sie für Perlen an,
Um sich damit zu zieren —
Ach! Perlen, die im Sonnenglanz
Sie bald darauf verlieren.

18. Schnee und Eis.

Im Winter sieht's zuweilen aus, als fiele Baumwolle vom Himmel, oder als machte dort oben Jemand sein Bett und ließe dabei die Federn tüchtig umher fliegen. Das ist der Schnee. Herr Frost, der in den Wolken wohnt, macht ihn aus Regentropfen und wirft ihn auf die Erde herab, damit die Pflanzen, besonders die Wintersaat, sich damit zudecken und gegen die grimmige Winterkälte schützen können.

> „Singt Gottes Lob im Winter auch,
> Er ist so treu und gut;
> Er nimmt vor Frost und Sturmeshauch
> Die Saat in seine Hut.
>
> „Er deckt sie mit dem Schnee so dicht,
> So weich und sicher zu;
> Sie merkt den harten Winter nicht
> Und schläft in stiller Ruh."

Wir Kinder freuen uns über den ersten Schnee beinahe mehr, als über das erste Veilchen. Denn nun beginnt ja die Lust des Schlittenfahrens und des Schlittschuhlaufens. Noch besser als beides ist es aber, wenn man sich mit Schneebällen werfen und einen großen Schneemann machen kann. Mein Bruder hatte einmal einen gebaut, der war so groß, daß er eine kleine Leiter anlegen mußte, als er ihm ein Paar Kartoffelaugen und eine Nase einsetzen wollte.

Statt des Säbels gab er ihm eine lange Bohnenstange in den Arm und for=
derte ihn dann auf, sich zu wehren, wenn er von der umstehenden Knaben=
schar angegriffen würde. Aber:

Schneemann war ein armer Wicht,
Hatte einen Stock und wehrte sich nicht.

Nach einiger Zeit trat Thauwetter ein. Da schmolz der Schneemann so zusam=
men, daß zuletzt nichts weiter von ihm übrig blieb, als ein wenig Wasser.

Wenn die Menschen eine Brücke über einen Fluß haben wollen, so bauen
sie daran manchmal länger als ein Jahr. Der liebe Gott kann das schneller.
Es ist schon vorgekommen, daß er alle Gewässer in ganz Deutschland und in
Rußland dazu in einer einzigen Winternacht mit festen Brücken bedeckt hat.
Er nahm Eis statt Holz, und die Brücken waren fertig, und so blank und
glatt, als wären sie vom Tischler gehobelt und polirt worden.

Wir Kinder haben das Eis recht gern; denn wir können mit und ohne
Schlittschuhe so schnell darauf hingleiten, wie ein Wagen auf der Eisenbahn.
Zuweilen fällt man freilich tüchtig darauf hin; aber das schadet nicht viel,
man zerbricht dabei nicht leicht etwas. Schlimmer läuft es dagegen manchmal
ab, wenn das Eis unter uns bricht und wir ins Wasser fallen. Ist dann nicht
gleich ein Erwachsener in der Nähe, so kommt man leicht unter das Eis und
ertrinkt auf eine jämmerliche Art. So gern ich auch Schlittschuh laufe, so werde
ich doch nicht eher auf das Eis gehen, als bis es ganz fest und dick gefroren ist.

19. Der erste Schnee.

Juchhe, juchhe, juchhe!
Es fällt der erste Schnee!
Der liebe Gott, der schüttelt Flaum
Auf Gras und Blumen, Strauch und Baum,
Damit sie frieren nicht so sehr,
Wenn nun der Winter stürmt daher! —
Hör', lieber Schnee, hör', decke du
Sie ja recht weich und sauber zu!

20. Das Dorf.

Nach dem Regen war das Wetter sehr schön geworden. Die Pflanzen sahen frisch aus, die Blumen dufteten, die Käfer und Bienen summten, die Schmetterlinge wiegten sich auf den Blüten, die Vögel schmetterten lustige Lieder, und die Menschen fühlten sich gestärkt und heiter. Da ward den Kindern der kleine Garten auch zu eng. Sie gingen mit dem Großvater durch das Dorf über den Herrenhof, in den Schloßgarten und sahen Manches, was es in der Stadt nicht zu sehen giebt.

Neben dem Pfarrhause, nicht weit von der Kirche, steht das Schulhaus. Das ist lange nicht so groß, als das Schulhaus in der Stadt; aber es gehen ja auch nicht so viel Kinder hinein. Auch das Kirchlein, welches hier auf dem Kirchhofe steht, ist kleiner als die große Marktkirche daheim. Unter den Grabhügeln rings umher, welche mit Blumen bepflanzt sind, ruhen die gestorbenen Menschen nebeneinander, Alte und Junge, Reiche und Arme. Auf den Gräbern stehen Steine und Kreuze mit den Namen der Gestorbenen und fromme Sprüchlein und Verse dazu. Zwischen den Gräbern gehen die Leute still und ernst umher und manche weinen. Es ist auch recht traurig, wenn Jemand stirbt, den man so recht lieb gehabt hat.

Die Bauernhäuser stehen nicht so dicht aneinander, wie die Häuser in der Stadt. Fast jedes Haus ist von einem großen Hofe mit Scheunen und Ställen umgeben. Das sind die Bauernhöfe oder Bauerngüter. Die Wege sind nicht gepflastert; wenn es geregnet hat, ist es oft sehr schmuzig. Dicht an der Landstraße steht das Wirthshaus; gewöhnlich nicht weit davon auch die Schmiede. Viele Handwerker giebt es in einem Dorfe nicht; außer dem Schmied vielleicht noch Schneider und Schuhmacher, Maurer und Zimmerleute, Müller und Bäcker. — Am Ende des Dorfes liegt ein großer Hof mit einem prächtigen Wohnhause und großen Scheunen und Ställen. Das ist der Herrenhof oder das Rittergut. Das prächtige Wohnhaus wird von den Bauern das Schloß genannt. Hinter demselben liegt der große Schloßgarten mit breiten Wegen für Wagen, Reiter und Fußgänger. Darin ist es sehr schön; es stehen viele Obstbäume darin, und unter denselben ist Rasen. Auch zwei Teiche sind im Schloßgarten; ein kleiner, der von Gänsen und Enten belebt ist, und ein großer, auf dem blendend weiße Schwäne ihre Kreise ziehen und in dessen Fluten zahlreiche Fische schwimmen. Die Karpfen werden häufig gefüttert; aber die Hechte werden nicht darin geduldet, weil diese die kleinen Fischchen aufspeisen, die mit der Zeit doch auch groß werden und den Menschen zum Kirmeßschmaus gut schmecken sollen.

In der Stadt ist es in den Straßen meist geräuschvoll, aber auf dem Lande ist es ruhig, man hört nur das Muhen der Kühe, das Krähen der Hähne, das Bellen der Hunde, das Meckern der Ziegen u. s. w. Wenn es Abend wird, verstummt auch dieses, und es tritt völlige Stille ein. Die Landleute schlafen; nur der Wächter macht von Stunde zu Stunde seinen Gang durch die Gassen, und der treue Hofhund läßt sich zuweilen hören. Wenn der Morgen graut, beginnen die Hähne zu krähen; dann erhebt sich der Landmann von seinem Lager, der Knecht füttert die Pferde, die Magd die Kühe; auch die Hausfrau geht in den Kuhstall und holt für die Kinder zum Frühstück süße Milch.

21. Gänſe und Enten.

Anna: Ei, das Entenvölkchen! Die kleinen Dinger ſehen ja allerliebſt aus. Und wie ſie ſchwimmen können! Wer ihnen das nur vorgemacht und gezeigt hat?

Hans: Du ſiehſt ja die Lehrmeiſter dabei ſtehen: ihr Herr Papa und die Frau Mama.

Ernſt: Das iſt nicht wahr. Die kleinen Enten können ſchwimmen, ſobald ſie aus dem Ei kommen, das habe ich ſchon geſehen. Sie brauchen nichts zu lernen, ſondern können Alles gleich von Klein auf, Schwimmen und Schnattern und alle die anderen Entenkünſte. Das hat der liebe Gott ſo eingerichtet.

Hans: Ei, hätteſt Du doch das Leſen und das Einmaleins auch gleich mit auf die Welt gebracht! Nicht wahr, Ernſt, das könnte Dir gefallen?

Ernſt: Nun freilich, ſchlecht wär's nicht. Aber ich werde es ſchon lernen; mir hat der liebe Gott Vernunft gegeben, und Du weißt ja, daß ich fleißig bin. — Als Schwimmmeiſter laſſe ich übrigens die Enten gelten, aber das Laufen haben sie schlecht gelernt; sie wackeln gewaltig, wenn sie auf der Straße daher kommen.

Anna: Sie wollen ja auch keine Tanzmeister sein; dazu werden sie von den Menschen nicht gepflegt und gefüttert. Aber ein gutes Stückchen Braten geben sie doch, und ich weiß, das verachtest Du auch nicht.

Ernst: Durchaus nicht; auch ein Stück Gänsebraten ist mir recht. Ich freue mich schon auf den Martinstag, denn da wird Mama sicher wieder eine Martinsgans braten.

Hans: Wenn ich Euch so reden höre, fällt mir der Streit ein, den Gans und Ente einmal hatten und wobei sie einander ihre Schwächen vor= warfen, die Gans nämlich der Ente Lahmheit und die Ente der Gans Dummheit. Da heißt es zuletzt:

Doch endlich kam die Bauerfrau,

Die nahm's nicht eben sehr genau:

War auch die Gans ein wenig dumm,

Ging auch die Ente etwas krumm;

Sie sah nur auf das Fleisch und Fett

Und gute Federn für das Bett.

Anna: Hier sind genug Gänse auf dem Teiche, die verstehen das Schwimmen eben so gut, als die Enten.

Großvater: Und wie diese lieben sie auch das Wasser, aber reines und nicht wie jene Watscheldamen Pfützen und Moräste. Sie baden sich gern und tauchen oft unter. Sie sind auch sehr gesellig, darum werden sie in ganzen Scharen wie die Schaf= und Ziegenherden von dem Gänsehirten auf dem Anger oder dem Stoppelfelde gehütet. Wenn viele Gänse beisammen sind, so schnattern sie fortwährend; das Schnattern ist ihre Sprache. Die kleinen Mädchen machen es in der Schule bisweilen auch so und werden dann vom Lehrer „Schnattergänschen“ genannt.

Anna: Ich mache es aber nicht so, lieber Großvater.

Hans: Nein, für Dich besorgt es der Bruder Ernst.

Großvater: Ihr rühmtet mir den Gänsebraten; aber giebt denn die Gans weiter keinen Nutzen?

Anna: O ja! Federn zu weichen Betten!

Ernst: Und Fett zu Wecken und Brötchen!

Hans: Die Federposen nicht zu vergessen, mit denen früher fast überall geschrieben wurde!

Großvater: Auch jetzt malen die Kinder zuweilen wol noch ihre Krähenfüße damit, wenn sie an andere Dinge denken und keine Acht auf ihre Schrift haben.

Ernst: Ich weiß ein Räthsel von der Gans, das will ich Euch zu rathen aufgeben. — Wie weit geht die Gans ins Wasser?

Hans: Das weiß ich. Bis sie keinen Grund mehr findet; dann schwimmt sie. Aber wie weit schwimmt die Gans in den Teich? — Nun, weiß es Niemand?

Großvater: Ich denke, bis zur Mitte; denn kommt sie über die Mitte, so schwimmt sie nicht mehr hinein, sondern heraus.

Hans: Das ist richtig, Großvater, nun gieb Du auch ein Räthsel auf.

Großvater: So gebt Acht! Wo geht die Gans hin, wenn sie ein Jahr alt ist?

Ernst: Ins zweite, Großvater, ins zweite!

Großvater: Getroffen! Der Ernst weiß doch Alles, der ist wirklich ein Doktor Allwissend!

22. Landleben.

Ihr Städter, sucht ihr Freude,
So kommt aufs Land heraus!
Seht, Garten, Wald und Weide
Umgrünen jedes Haus.
Kein reicher Mann verbauet
Uns Mond= und Sonnenschein,
Und Abends überschauet
Man alle Sternelein.
Wir sehn, wie Gott den Segen
Aus milden Händen streut,
Wie Sonnenschein und Regen
Uns Wald und Flur erneut.
Uns blühn des Gartens Bäume,
Uns wallt das grüne Feld,
Uns singen in dem Haine
Die Vögel ohne Geld.
Die rasche Arbeit würzet
Dem Landmann seine Kost,
Und heitre Freude kürzet
Die Müh' in Hitz' und Frost.
Ja, wollt ihr Freude schauen,
So wallet Hand in Hand,
Ihr Herren und ihr Frauen,
Und kommt heraus aufs Land!

———— ✴ ————

Räthsel.

„Gefrornes Wasser", „dürres Gras",
„Verbranntes Holz". Wie nennt man das?

———— ✴ ————

23. Die Schwäne.

Herrliche Vögel, diese Schwäne! Wie sie langsam und schweigend in langen Kreisen mit gehobenen Flügeln dahin ziehen! Wie sie wieder und immer wieder niedertauchen in die silberhelle Flut und stets mit erneutem Glanze emporsteigen! Wie blendend das schneeige Weiß ihres weichen Gefieders schimmert! Und wie fromm und sanft sie aussehen! Herrliche Vögel, diese Schwäne!

O ja, es ist wahr, die Schwäne sehen recht hübsch aus. Darum hält man sie auch auf den Teichen und Weihern in Gärten und Anlagen als Zierde. Aber so fromm und sanft, wie man oft glaubt, sind sie durchaus nicht. In einem hübschen Gedicht sagt freilich der Schwan zu einem Kinde:

> „Kind dort, was scheust Du Dich?
>
> Gar nicht so bös bin ich,
>
> Schwimme daher ganz sacht,
>
> Daß es kein Wellchen macht;
>
> Mochte Dich nur fragen eben:
>
> Willst Du ein Stückchen Brot mir geben?"

Das ist recht hübsch; wir erfahren bei dieser Gelegenheit auch gleich, daß der Schwan Brot frißt, vielleicht lieber als Körner, Wasserpflanzen und Insekten, von denen er gewöhnlich lebt. Aber wenn er sich lobt und dem Kinde sagt, daß er gar nicht so bös sei, so glauben wir ihm das nicht. Er ist ein hämischer und tückischer Gesell. Besonders bissig ist das Männchen, zumal wenn das Weibchen brütet oder Junge hat.

Nun, wir thun ja den Schwänen nichts zu Leide, so dürfen wir schon unsere Freude an ihnen haben und brauchen uns nicht zu fürchten.

24. Der Hahn und die Hühner.

Ernst: Aha! dort ist auch der mit der rothen Krone auf dem Kopfe und den Sporen an den Füßen. Mögen Euch Gans und Gänserich, Herr und Frau Schwan besser gefallen, ich sage dennoch: Der dort ist mein Freund!

Hans: Wen meinst Du denn eigentlich?

Ernst: Nun wen wol anders, als den Hahn? Ist er nicht am schmucksten von Allen? Seine Federn schillern in den schönsten Farben, sein Kamm ist groß, seine Kehllappen hängen herunter, wie ein langer rother Bart, seine

Schwanzfedern sind sichelförmig und an den Füßen hat er einen Sporn, wie ein Ritter.

Großvater: Und wie ein echter Ritter schreitet er auch stolz einher, ruft die Hühner, wenn er etwas zu fressen findet, beißt sie aber auch weg, wenn sie zu viel davon nehmen.

Hans: Natürlich, er will ja auch was haben.

Großvater: Aber immer langt er doch zuletzt zu, es müßte denn gerade viel zu schnabuliren geben, wie z. B. bei der Fütterung, da ist er denn auch nicht blöde. Ist er satt, so stellt er sich auf den Misthaufen, schlägt mit den Flügeln, krümmt den Hals und ruft laut:

Ernst: „Kikiriki! Kikiriki!"

Großvater: Richtig, Ernst; Du kannst es ja so schön, wie Dein Freund selber. Aber Du hast uns ja noch nicht gesagt, warum Du den Hahn besonders zu Deinem Freunde erwählt hast!

Ernst: Nun, hauptsächlich darum, weil er mir die prächtigen Feder=büsche zu meinem Soldatenhute liefert; dann aber auch, weil er so hübsch aussieht und so munter ist.

Großvater: Ja, ja, ich dachte es doch gleich. Weil er so früh aufsteht und Dir dann in seiner Sprache den schönen Spruch zuruft:

Morgenstund' hat Gold im Mund!

Der Hahn ist aber auch sehr streitsüchtig; so dürfen Kinder nicht sein. Mehrere Hähne vertragen sich selten auf einem Hofe und, selbst die Jungen, welche noch von der Mutter geführt werden, kämpfen schon heftig mit einander.

Anna: O, ich habe die ganz kleinen Hühnerchen, die Küchlein, so gern. Wenn sie sich zuweilen um einen Wurm oder um ein Stückchen Fleisch zanken, oder wenn sie auf der Glucke umher klettern, das sieht so drollig aus.

Großvater: Und wie zärtlich ist die alte Glucke mit den Kleinen! Sie liebt sie, wie eine Mutter ihre Kinder. Wenn sie frieren oder wenn Gefahr droht, so ruft und lockt sie die Küchlein herbei und nimmt sie unter ihre Flügel. Sie schützt und vertheidigt sie gegen Feinde.

Ernst: Ja, das habe ich zu Hause gesehen. Der graue Hinz und Bello haben tüchtige Schnabelhiebe von der alten Glucke bekommen.

Hans: Die Hühner gehören ganz gewiß zu den nützlichsten Vögeln.

Ernst: Freilich, sie legen uns die bunten Ostereier; denn die Geschichte vom Hasen ist ein Märchen, das ich wol früher geglaubt habe, als ich noch ganz klein war; aber jetzt weiß ich, daß die Eier von den Hühnern kommen.

Anna: Bunte Eier von den Hühnern? Ernst, das könnte ich Dir besser sagen!

Ernst: Ich weiß es selbst. Weiß sehen sie aus und bunt werden sie erst gefärbt.

25. Die Taube.

Ruckediku — die Thür ist noch zu.
Faules Büblein, wo steckst denn Du?
Komme geschwind und öffne den Schlag
Längst ist es Tag!

Ruckediku — da fliegt sie hinaus,
Holt ihren Kindern Futter ins Haus,
Erbsen und Wicken. Ei Kind, Deine Pflicht,
Die vergiß nicht!

26. Kleine und große Fische.

Der große Teich im Schloßgarten, auf dem die Kinder die weißen Schwäne sahen, war auch mit zahlreichen Fischen bevölkert. Stand man auf der steiner=
nen Brücke oder an dem eisernen Geländer drüben auf der andern Seite des Teiches, so konnte man sie in der klaren Flut beobachten. Da mußte der Großvater viel von dem muntern Wasservolke erzählen. Ernst hätte selber ein Fischlein sein mögen, er meinte:

> „Könnt' ich schwimmen, wie's Fischlein klein,
> Schwimmen wollt' ich ins Wasser hinein,
> Schwimmen auf den tiefsten Grund,
> Machen die Wunder der Tiefen kund!"

Gar lustig schwammen die kleinen Fischlein hin und her; sie waren nur so groß, wie ein kleiner Finger. Und die Grünblinge und Stichlinge waren noch nicht einmal die kleinsten, andere waren noch kleiner als ein kleiner Finger; das mochten wol die Zwerge unter den Fischen sein. Die Karpfen dagegen waren die Riesen. Sie verschluckten Semmelbrocken, welche ihnen die Kinder zuwarfen, die selbst für den Ernst oder den Hans nicht zu klein gewesen wären. Die Karpfen haben freilich auch viel Zeit zum Wachsen. Der Großvater sagte, daß sie wol hundert und selbst zweihundert Jahre alt würden. Hans erzählte, daß er in der Stadt einen Wels gesehen, den die Fischer auf der Fleischbank ausgeschlachtet und verkauft hätten, und der so groß gewesen, wie die Fischer selber. — „O," sagte der Großvater, „im Meere giebt es Fische, die Haifische, welche häufig den Schiffen nachziehen, die sind so groß, daß sie einen ganzen Menschen, wol gar ein todtes Pferd oder ganze Tonnen Heringe auf einmal verschlingen." Da erstaunten die Kinder, und sie hätten es gewiß nicht geglaubt, hätte es ihnen nicht der Großvater gesagt. „Wie groß müssen diese Fische sein!" sagten sie.

Endlich meinte Ernst: „Es ist gut, daß der Haifisch im großen Meere lebt und genug Wasser zu saufen hat; denn wenn er ganze Tonnen voll Heringe verzehrt, so wird es ihm an Durst gewiß nicht fehlen. Ich werde schon sehr durstig, wenn ich vom Hering ein ganz kleines Stückchen zu den Kartoffeln esse." Da lachten der Großvater und die Geschwister, und der Großvater sagte: „Denkst Du denn, die Heringe schwimmen gleich gesalzen im Meere umher?" Und er mußte den Kindern versprechen, ein andermal mehr von den Heringen und überhaupt von den Fischen zu erzählen. Heut' aber hatten sie genug gehört und gesehen, und da der Abend nicht mehr fern war, gingen sie nach Hause, um sich bald zur Ruhe zu legen und auszuschlafen für den andern Tag. Denn morgen soll es in den Wald gehen, in den „frischen, grünen Wald!" Hurrah!

Spaziergang in den Wald.

1. Der Aufbruch.

Hans: Haben wir nun Alles? Botanifirtrommel — Taschenmeffer — Stock und Mütze! Ja, mir fehlt nichts mehr.

Anna: Ein Körbchen muß ich noch haben.

Ernst: Wozu ein Körbchen?

Anna: Um Erd= und Heidelbeeren hinein zu pflücken.

Hans: Du denkst wol, die hat man für uns aufgehoben? Sei froh, wenn Du noch eine kleine Nachlese halten kannst. Die Erdbeeren schmecken auch anderen Kindern gut, und die Heidelbeeren werden die armen Leute längst gepflückt haben.

Anna: Die werden ja gar nicht gepflückt, sondern mit der Riffel abgestreift, die uns letzthin die arme Frau zeigte, von der die Mama Blaubeeren für uns kaufte.

Ernst: Ach ja, das Ding sah wie ein großer Kamm aus.

Großmutter: Hier bringe ich für die hungrigen Raben Brot und Fleisch; am Waldquell findet Ihr klares, frisches Wasser dazu.

Ernst: Gieb her, Großmütterchen. So, nun kann's fortgehen!

Großvater: Ich bin bereit, aber den Bello, der auch auf dem Sprunge steht, müssen wir zurücklassen. Der Förster, dem wir heut' möglichenfalls im Walde begegnen, ist zwar mein Freund und wird uns ganz gern sehen. Aber er ist nicht Bello's Freund und würde diesen, wenn er das Wild aufjagt und bellend hetzt, gewiß erschießen. Bello, bleib und bewache Haus und Hof!

Ernst: Das ist ja Schade; ich hatte mich schon darauf gefreut, mit meinem Freunde die Hasen zu hetzen und den schnellen Hirsch zu verfolgen.

Anna: Du willst doch kein Wilddieb werden?

Großvater: Du würdest wol bald das Laufen einstellen; aber das Wild müssen wir in Ruhe lassen, wenn wir darauf rechnen wollen, uns im Walde ordentlich umsehen zu dürfen. Laßt uns aufbrechen, aber nicht zur Jagd!

Ernst: Großmutter, ich bringe Dir doch wol einen Hasen mit.

Großmutter: Na, halt' ihn nur fest, wenn Dir einer in die Tasche oder in die Botanisirtrommel springen sollte.

Anna: Ich pflücke Dir die reifsten Erdbeeren, die ich finde, Großmütterchen.

Hans: Sollte es eßbare Pilze geben, sammle ich ein Gericht für die Küche.

Großmutter: Gut, gut! Kinder; kommt nicht zu spät wieder. Ich werde sorgen, daß Eure Magen bei der Rückkehr etwas Labendes finden.

Großvater: Der Himmel verspricht einen schönen Tag. Zwar wird es heiß werden, aber im Walde ist es schattig und kühl. Vorwärts denn!

Kinder: Ade, liebe Großmutter!

———✳———

2. Die grüne Stadt.

Ich weiß euch eine schöne Stadt,
Die lauter grüne Häuser hat.
Die Häuser, die sind groß und klein,
Und wer nur will, der darf hinein.

Die Straßen, die sind freilich krumm,
Sie führen hier und dort herum;
Doch stets gerade fortzugehn, —
Wer findet das wol allzuschön?

Die Wege, die sind weit und breit
Mit bunten Blumen überstreut.
Das Pflaster, das ist sanft und weich,
Und seine Farb' den Häusern gleich.

Es wohnen viele Leute dort,
Und alle lieben ihren Ort;
Ganz deutlich sieht man dies daraus,
Daß Jeder singt in seinem Haus.

Die Leute sind da alle klein,
Denn es sind lauter — Vögelein;
Und meine ganze grüne Stadt
Ist, was den Namen „Wald" sonst hat.

3. Im Laubholz.

Hans: Ei, wie kühl ist es hier! Wie wohlthuend ist die Waldesfrische nach der Sonnenhitze, die wir unterwegs auszustehen hatten! Hier ist es doch viel schöner, als im Freien. Nun kann ich mir auch denken, warum Papa den Wald recht nahe zu haben wünschte, als er einmal ins Bad reiste.

Großvater: Der Aufenthalt im Walde ist ja nicht nur angenehm, sondern auch sehr gesund. Die Blätter verbreiten fortwährend eine erfrischende Luft, welche die Menschen erquickt, kräftigt und froh und heiter macht.

Anna: Wie das hier rauscht! Mir ist immer, als ob ich von fern den Dampfwagen hörte!

Großvater: Das ist der Wind, der durch das Laub der Bäume weht.

Hans: Du bist wol so gut, lieber Großvater, und nennst uns die Namen der Bäume, die wir nicht kennen. Die weißen Birken dort mit den dünnen und lang herniederhängenden Zweigen sind mir bekannt, ebenso auch die Eichen mit den mächtig dicken Stämmen und den knorrigen und weitausgebreiteten Aesten.

Anna: Die kenne ich auch; sie haben so schönes Laub, welches oft zu Kränzen und Guirlanden benutzt wird.

Ernst: Mit Eichenlaub schmücken auch die Turner ihre Hüte. Ei, ich bin ja auch ein Turner! Da will ich mir gleich einen Eichenzweig an die Mütze stecken. — So! Sieht das nicht hübsch aus?

Großvater: Ganz so, als ob sich ein Eichhörnchen ein Eichblatt hinter's Ohr gesteckt hätte.

Ernst: Es ist ja wahr, Großvater, im Walde giebt es auch Eichhörnchen; daran hatte ich gar nicht gedacht! Wollen wir nicht eins aufsuchen und haschen?

Großvater: Vielleicht später; jetzt will ich Euch erst noch Einiges von den Bäumen sagen. — Neben der Eiche und der Birke findet Ihr hier noch die Buche. Sie hat ebenfalls einen starken und etwas weißlichen Stamm. Rechts dort seht Ihr die Erle, die Espe, die Esche und den Ahorn. Die Lindenbäume sind Euch ja hinreichend bekannt, da Ihr sie in den Alleen und an den

Süßer Schlummer.

Promenadenwegen, die Ihr zu Hause vor den Stadtthoren habt, oft genug gesehen. Alle diese Bäume haben Blätter oder Laub, sie heißen —

Hans: Sie heißen darum auch Laubhölzer, und ein Wald, in dem vorzugsweise solche Bäume stehen, heißt ein Laubwald.

Großvater: Richtig. Dagegen tragen die Tannen —

Ernst: Die kenne ich, Großvater; das sind die Weihnachtsbäume!

Großvater: Dagegen tragen die Roth- und Weißtannen, auch Edeltannen genannt, die Kiefern und Lärchenbäume keine Blätter, sondern Nadeln.

Hans: Und man nennt diese Bäume darum Nadelholz und einen Wald, in dem vorherrschend solche Bäume wachsen, einen Nadelwald.

Großvater: Das ist wieder richtig. Die Laubhölzer verlieren im Herbste ihre Blätter. Im Winter stehen sie dann kahl da. Die Nadelhölzer behalten aber ihre Nadeln und bleiben auch im Winter grün; nur die Lärchenbäume werfen sie im Herbste ab.

Hans: Der Laubwald gfällt mir besser, als ein Nadelwald. Wie schön ist es hier! Das wissen auch die Vögel. Ich habe gehört, daß sich in einem Nadelwald viel weniger Vögel aufhalten, als in einem Laubwalde.

Anna: Es sollen auch im Nadelwalde lange nicht so viel Blumen blühen als hier.

Ernst: Aber denkt Ihr denn gar nicht an die Christbäume, die uns der Tannenwald giebt? Muß nicht schon darum der Tannenwald viel besser sein, als der Laubwald?

Großvater: Ich rathe Euch, Euern Streit einstweilen einzustellen, bis wir auch den Nadelwald durchschritten haben. Was ihr von den Vögeln und Blumen gesagt habt, ist richtig; aber vielleicht findet Ihr auch im Nadelwalde Schönheiten, an die Ihr jetzt nicht denkt. Ebenso wird der Ernst auch dem Laubwalde ein freundliches Gesicht machen.

Ernst: O, ich lache ihm schon jetzt von ganzem Herzen zu.

Hans: Was ist das für ein dürrer Baum, Großvater?

Großvater: Eine abgestorbene Eiche. Wer weiß, an welcher Krankheit sie zu Grunde gegangen ist! Ihre starken Aeste sind entlaubt. An dieser Leiche könnt Ihr den kräftigen Bau dieses Waldriesen am besten betrachten.

4. Die Eiche.

Die Eiche im Walde ist unser schönster und kräftigster Baum, das wird kein Mensch bestreiten. Auch das Eichhörnchen, welches munter in den Aesten des mächtigen Baumes umherspringt und sich die kleinen Früchte, die Eicheln, aufknackt, ist unserer Meinung. Die anderen Bäume freilich mögen dies nicht zugeben; da lobt der Pfirsichbaum seine Pfirsichen, der Apfelbaum seine Aepfel, die Birke ihre schlanke Gestalt, und die Tanne weiß von ihren Vorzügen ein langes Verzeichniß herzuzählen.

Es ist schon wahr, wenn wir nur auf die Früchte sehen, so nimmt die Eiche eine niedrige Stelle ein, denn die Eicheln mögen nur die Schweine haben. Arme Leute benutzen sie allenfalls noch als Kaffee, weil sie den bessern Bohnen-Kaffee nicht bezahlen können. Die Eiche ist aber dennoch ein herrlicher Baum. Ihre Wurzeln sind lang und tief in die Erde hineingewachsen. Der sehr dicke und kräftige Stamm ist mit einer rauhen Rinde versehen, welche dem Gerber die beste Lohe zum Gerben des Leders liefert. Die mannsdicken Aeste strecken sich wie Arme nach allen Seiten aus und tragen Zweige, Blätter, Blüten und Früchte.

Die Eiche wächst freilich sehr langsam. Wo sie jetzt steht, da wurde vielleicht vor fünfhundert Jahren eine Eichel in den Boden gelegt. Aus der Eichel ist der große, hohe Baum emporgewachsen. Mächtig wühlt der Sturmwind in den ausgebreiteten Aesten, Zweigen und Blättern und möchte die Eiche zu Boden werfen, allein sie widersteht dem Sturme wol noch fünfhundert Jahre. Der Mensch aber, welcher die Eichel in den Boden legte, ist lange, lange, lange todt; der Vater hat ihn nicht mehr gekannt und selbst der alte Großvater nicht. Darum ist der Eichbaum ein Sinnbild der Kraft, Stärke und Ausdauer. — Die Eiche ist zu allen Zeiten hoch in Ehren gehalten worden; den alten Deutschen war sie sogar ein heiliger Baum. Wen man recht hoch ehren wollte, den schmückte man mit einem Eichenkranze.

Warum ist aber die Eiche so nützlich? Weil sie unter allen Bäumen das festeste Holz liefert, welches Luft und Regen lange Zeit widersteht. Man braucht es darum auch namentlich zu Brückenpfeilern, Mühlwellen, Eisenbahnschwellen und zum Schiffsbau. Auch zum Bau unserer Wohnungen ist das Eichenholz sehr werthvoll, und der Tischler fertigt daraus allerlei dauerhafte und recht hübsch aussehende Geräthschaften.

5. Tanne und Birke.

B. Deine Nadeln stechen,
    Hör' ich die Kinder sprechen.
    Wer möchte Dir sich nah'n?

T. Und Deine Ruthen schmerzen.
    Glaubst Du, daß Kinderherzen
    Dir wären zugethan?

Aber die Kinder stritten sich nicht,
Machten beiden ein freundlich Gesicht:
Pflanzten als liebliche Maienzier
Pfingsten die Birke vor Thor und Thür;
Pflückten zur Weihnacht vom Tannenbaum
Aepfel und Nüsse und Zuckerschaum.

6. Tanzmeister und Nußknacker oder eine lustige Person.

Ei, schaut mich an,   was ich kann!
Tanzen und hüpfen,   springen und schlüpfen!
Hopp! hopp!   Wer thut mir's nach?

Warte, warte, Du Tanzmeister, ich thu' Dir's freilich nicht nach! Aber komme noch ein Bischen herunter, wir zwei müßten wol gute Freunde sein! Komm doch! Willst Du Haselnüsse haben?

Aha, ich soll Dein Nußknacker sein? danke schön!

Nein, nein, Du magst auch die Kerne verzehren. Ich gebe Dir auch Eicheln, Bucheckern, Kastanien, Tannenzapfen und andere Leckerbissen.

Ach nein, die suche ich mir lieber selbst, und glaube mir, ich finde sie besser als Du. Du möchtest mich nur gern in den Käfig sperren. Nein, nein, mir ist die Freiheit lieber!

Hopp! Hopp!

7. Die Försterwohnung im Nadelwalde.

(Tanne und Kiefer.)

Die Kinder waren mit dem Großvater an die Försterwohnung im Walde gekommen. „Laßt uns einen Augenblick in dieses gastliche Haus eintreten!" sagte der Großvater. Sie traten ein und fanden noch Stadtleute daselbst, die auch einen Spaziergang in den Wald gemacht hatten. „Seid mir schön willkommen!" rief ihnen der Förster freundlich entgegen. „Es ist mir nicht lieb, daß ich nicht zu Hause bleiben kann; aber ich muß in den Wald gehen, denn ich habe heut nothwendig zu thun!" „Ei, wir kommen mit, wenn's erlaubt ist," sagte der Großvater. „Recht gern, recht gern!" sprach der gute Förster. Und nach einem kurzen Aufenthalt im Försterhause machten sich unsere Be= kannten mit dem Förster wieder auf den Weg nach dem Nadelwald. Als sie in das Holz gekommen waren, sprach der Förster: „Dieser Wald ist ein wahrer Segen für die Leute weit und breit. Wenn das Frühjahr kommt, spricht der Landmann zu seinen Leuten: „Auf, laßt uns in die Streue fahren!" — Die abgefallenen Nadeln werden nämlich Streue genannt. — Der große Heuwagen wird angespannt und, damit nichts durchfalle, an den

Seiten und vorn und hinten mit Weidengeflecht versehen. Hans und Grete, Kunz und Röse greifen nach dem Rechen, springen auf den Wagen und fahren singend in den Wald, wo sie dann die Nadeln am Boden zusammenrechen. Hochbeladen kehrt der Wagen heim. Die Nadeln dienen den Kühen als Streue und geben später einen kräftigen Dünger für Feld und Garten. — Um dieselbe Zeit kommen auch die Pechmännlein in den Wald und schlitzen die Rinde der Tannen und Kiefern auf, damit das Harz herausquelle und als Terpentin, Kolophonium, Theer und Pech gebraucht werden könne. Viele Violinspieler mögen schon an einer Fichte vorüber gegangen sein, ohne zu wissen, welchen wichtigen Dienst ihnen dieselbe durch ihr Geigenharz (Kolophonium) leistet."

Auf einmal standen da mitten im Walde viele Menschen versammelt. „Die warten auf mich," sagte der Förster, „denn heute ist hier ein Holzverkauf angesetzt." „Heda, guter Freund, was sucht Ihr?" ruft er; „Ihr mustert ja meine Tannen von unten bis oben hinaus!" „Ei," antwortete der ehrliche Schiffer, „ich suche einen Mastbaum für mein Schiff, aber schlank und gerade muß er sein!" „Ihr sollt ihn haben!" entgegnete der Förster und wendet sich an einen neuen Ankömmling. „Ich bin ein Klavier= und Orgel= bauer," sagt dieser, „und wünsche zu meinen Instrumenten Fichten= und Tannenholz, welches auf felsigem Boden gewachsen und daher recht fest ist." „Gut, Euer Wunsch soll erfüllt werden!" versetzt der Förster. „Und Ihr, schwarzer Gesell," spricht er zum rußigen Köhler, „Ihr seid der wahre Holz= würger. Ist der große Vorrath schon wieder aufgeräumt?" „So ist es; und auf meine Holzkohlen warten hundert Menschen, die ohne mich nichts arbei= ten können," antwortet der Kohlenbrenner. „Und was ist Euer Begehr?" fragt der Förster einen Andern. „Ich bin der Spielwaarenmacher, der für die kleinen Kinder die Zappelmänner, Holzsoldaten, Holzpferdchen, Schäfe= reien und andere hübsche Sachen fertigt; ich möchte mir hübsches glattes Holz aussuchen," antwortet dieser. „Seht Euch nur um, das werdet Ihr fin= den!" — Jetzt tritt der Rußbuttenmann vor: „Herr Förster, ich bin auch da! Kienruß wird überall gebraucht!" „Und Kienöl und Terpentinöl auch!" sagt der Kienölsieder. „Ich erbitte mir die unreifen Tannenzapfen und die Wurzeln und Aeste der Kiefern." „Nur nicht die Fichtenäste etwa auch," wendet der Böttcher ein, „wovon könnte ich sonst die großen Faßreifen machen?"

Der Apotheker kommt und begehrt den Samen der Tannen, um ein Oel für die Kranken daraus zu pressen. Der Zimmermann will Bauholz; der Schneidemüller Klötze, um Pfosten, Breter und Latten daraus zu schneiden. Der Gerber holt sich die Rinde zur Lohe, aus welcher er dann später die brennbaren Lohkuchen macht. Der Brunnenbauer verlangt Kiefernholz zu Röhren; Der Dachdecker Tannenholz zu Dachschindeln, der Siebmacher zu Siebrändern und der Schachtelmacher zu Schachteln. Der Tischler, Böttcher, Drechsler, der Holzhändler — Alle schreien nach Holz, so daß der geplagte Förster kaum weiß, wen er zuerst befriedigen soll. Alles am Nadelbaum findet seinen Liebhaber, von der obersten Nadel bis zur Wurzel herab. Auch die kleinen Kinder suchen sich etwas aus; sie spielen gern mit den Tannen- und Fichtenzapfen. Die armen Leute aber gehen hinaus in den Wald und lesen dieselben zusammen, um sie zu verbrennen. Sie sammeln auch dürre Zweige und heruntergefallenes Reisig, damit sie nicht frieren, wenn der Winter seinen Einzug hält. — Ja, ja, der Wald ist ein wahrer Segen für die Leute weit und breit!

„Aber wenn er für Alle etwas hat, soll ich dann leer ausgehen?" fragte Ernst. „Nimm Dir doch einige Tannenzapfen mit!" antwortete der Großvater. „Nein, ein munteres Eichhörnchen hätte ich lieber!" sagte Ernst. Da lachte der Förster und antwortete: „Ei, so magst Du Dir eins haschen! Damit Du aber doch ganz sicher etwas mit nach Hause bringst, wenn Du ja kein Eichhörnchen fangen solltest, wie wäre es dann, wenn ich Dir ein Häschen schenkte?" „Ei ja!" rief Ernst freudig aus. „Ein Häschen für die Großmutter, das wär' mir das Liebste!" „Aber ich habe jetzt kein's", sprach hierauf der Förster; „ich will erst nachher auf die Jagd gehen, da magst Du mitkommen!"

8. Neben der Försterwohnung.

Ernst und Hans waren mit dem Förster auf die Jagd gegangen, denn sie wollten ja gern Hirsche, Rehe, Hasen, Kaninchen, Rebhühner, kurz alle die Thiere sehen, die man Wild nennt. Der Großvater und Anna aber waren in die Försterwohnung zurückgekehrt. Neben derselben waren viele Bäume wie ein großer Garten von einem Staket eingeschlossen, und darin hatte der Förster ein zahmes Reh mit einem allerliebsten Rehkälbchen. Anna mochte nicht fort davon; sie fand an den lieben Thieren, die sie mit ihren blauen Augen so treuherzig und zutraulich anblickten, viel Gefallen. Die Rehmutter war so zärtlich mit dem kleinen gelbbraunen Kälbchen, sie spielte mit ihm und leckte es, daß es eine wahre Lust war, dies mit anzusehen.

So ein Reh ist wirklich recht hübsch. Wie kann der Jäger nur so grausam sein und es todt schießen? — Das ist wahr, mein Kind, aber denke nur, es giebt manchmal recht viel Rehe im Walde, und die kleinen Kälbchen werden auch groß. Wenn nun Niemand sie todt schießt, so wird das eine hübsche Menge. Die gehen dann mit den Hirschen, Hasen und Kaninchen alle zusammen hinaus auf die Felder des Landmanns, fressen ab, was ihnen gut schmeckt, und treten zu Schanden, was gute Körner geben sollte, und wenn der Bauer hinauskommt und einernten will, so findet er nichts. Ist das auch hübsch? — Darum ist es ganz gut, wenn der Jäger einiges Wild todtschießt und uns guten Braten auf den Tisch liefert. Es bleibt ja immer noch genug übrig, daß ein Kind sich darüber freuen kann, wenn es im Walde spazieren geht.

---

9. Auf der Jagd.

Auf der Jagd war es doch schön. Wild gab es genug zu sehen, und Vögel dazu. Die sangen gar lustig, denn sie wußten recht gut, daß sie von dem Förster nichts zu fürchten hatten. Aber ein Häschen schoß dieser, und er hätte noch mehr schießen können, jedoch Ernst hatte ja genug an dem einen Exemplar. Es wurde in die große Jagdtasche gesteckt, welche der Förster dem kleinen Jägerburschen umgehangen hatte.

Kaninchen in ihrem Bau.

Als sie an einen Sandhügel kamen, auf dem einige verkrüppelte Nadelbäume standen, bemerkte Hans viele Löcher im Boden. „Hier wohnen die wilden Kaninchen", sagte der Förster. „Laßt uns ein wenig seitwärts gehen, ich will sehen, ob ich eins bekommen kann." Es dauerte nicht lange, da guckten einige aus ihren Höhlen hervor, andere kamen aus dem Holze und krochen in die Röhren hinein. Sie sehen aus wie die Hasen, nur sind sie etwas kleiner. Der Förster legte das Gewehr an und zielte: Puff! Puff! zwei wilde Kaninchen waren getroffen. „Hier Hans, die magst Du nehmen", sagte der Förster, „damit Du der Großmutter auch etwas mit nach Hause bringst." Hans ergriff die Beute, und nun ging es weiter. Die Knaben hätten schon oft genug zu Hause mit ihren Kameraden Jagd gespielt; aber heute war es doch besser.

10. Jägerspiel.

Jagd wollen wir spielen!
Gar sicher muß zielen
   Der Jägersmann.

Die Rehe, die Hasen
Auf grünendem Rasen,
   Die schießt er dann.

Die Wölfe und Füchse
Erlegt mit der Büchse
   Der Jägersmann.

Die Hunde, sie springen,
Das Wild schnell zu bringen
   Dem Jägersmann.

11. Der Fuchs.

Dem Fuchse soll es übel gehn;
Läßt sich der Dieb noch einmal sehn,
So hat es keine Noth;
Dann stiehlt er keine Hasen mehr,
Der Jäger kommt mit dem Gewehr
Und schießt den Räuber todt.

12. Ringel- oder Holztäubchen.

Ach und die Böglein sangen so wunderschön! Es war eine Lust, überall in den Zweigen das fröhliche Musiziren und Jauchzen zu hören. Die Kinder haben, als sie mit dem Großvater heimwärts gingen, in den Aesten einer Kiefer auch ein allerliebstes Pärchen erblickt. Es war gut, daß der Förster nicht mehr dabei war, denn sonst wären die Ringel= oder Holztäubchen gewiß nicht sitzen geblieben, da sie außerordentlich schüchtern und furchtsam sind und häufig bei dem leisesten Geräusch die Flucht ergreifen. Allein sie kennen auch ihre Freunde unter den Menschen, und da ihnen der Großvater und die Kinder gar nicht bös' aussahen, so ließen sie dieselben ruhig unter dem Baume vorüber gehen und auch ein Bischen hinaufschauen und flogen nicht fort. Aus dünnen Reisern hatten sie sich ein Nest gebaut, das konnte man deutlich sehen. Aber war es leer? Oder waren Eier oder Junge darin? Das hätte Ernst gern wissen mögen. — Du weißt es, mein Kind; und wenn Du den kleinen Ernst sehen solltest, so magst Du es ihm sagen.

Die Tauben, die zu Hause unterm Dache oder auf dem Taubenschlage wohnen und von den Menschen gefüttert werden, manchmal auch auf das Feld

7*

hinaus fliegen und sich daselbst ihr Futter suchen, sind Haus- oder Feldtauben. Die Holztauben aber mögen nicht bei den Menschen wohnen; sie lieben den Wald und das Holz und werden eben deswegen Holztauben genannt. Im Herbste sieht man sie zuweilen in großen Scharen beisammen. Nicht selten sitzen hundert Ringeltauben auf einer einzigen Eiche und verzehren Eicheln.

13. Waldvöglein.

Was singt und flötet im Walde so schön?
Horch, Horch! Welch fröhliches Lustgetön'? —
    Die Vöglein dort in den Zweigen,
Die sind's, die kleinen Waldvögelein,
Die sind's, die können nicht schweigen!

Ei Vöglein, Vöglein! aus seliger Brust
Will ich auch singen in froher Lust,
    Mit euch mich heben und schwingen.
Wie ihr auch will ich dem Schöpfer Dank
Für Leben und Wohlthat bringen!

14. Grasemückchen.

Grasemückchen,
  Trink' ein Schlückchen,
  Fang' ein Mückchen,
  Sing' ein Stückchen
  Deinen kleinen
Grasemückchen!

15. Ein kleiner Liebling.

Großvater: Horcht, Kinder! Hans, kennst Du dieses Liedchen? Es tönt dort herüber aus dem niedern Gesträuch.

Hans: Nein; ich glaube diese hübschen, einfachen und sanften Weisen zwar schon gehört zu haben, aber ich weiß doch nicht, welches Vögelchen so angenehm singen mag.

Anna: Es wird ein Rothkehlchen sein! Gerade so singt das Roth= kehlchen, welches die Großmutter zu Hause frei in der Stube herum fliegen läßt, und das so fleißig Fliegen fängt und alle Brot= und Semmelkrümchen aufsucht.

Ernst: Ei, das hübsche Thierchen möchte ich gern mal in der Freiheit sehen!

Großvater: So bleibt ruhig stehen! Dort sitzt es ganz nahe am Boden auf einem Zweige und blickt sehnsüchtig nach den schwarzen Hollunderbeeren, welche irgend ein Knabe vor den Sprenkel gehängt hat. Es freut sich auf den Fraß; denn es schnickert laut und lustig. Schnickertiti! Schnickertiti! Tick! tick! macht es.

Hans: Ganz richtig, so ist die Rothkehlchensprache; ich habe sie schon einmal in Nachbars Garten gehört. O, wenn sich das Thierchen nur nicht fängt!

Ernst: Ei, wenn sich's doch finge! Wir würden es dann mit nach Hause nehmen. Das Rothkehlchen ist ja ein so liebes Vögelchen. Es singt so schön und sieht so hübsch und nett aus.

Anna: Ach und wie heiter und zutraulich ist es immer! Seht nur, wie anmuthig! Und wie artige Bücklinge es machen kann! Unter allen Vögeln ist das Rothkehlchen mein Liebling.

Großvater: Es wird auch sehr leicht zahm und gewöhnt sich bald an das Zimmer und die Menschen. — Ein Pfarrer hatte den Winter hindurch ein zahmes Rothkehlchen in seiner Stube. Als der Frühling kam, ließ er es hinaus fliegen. Im Herbste aber stellte es sich richtig wieder ein und ließ sich's im alten Quartiere wohlgefallen. Als es nun aber wieder Frühling wurde, mußte das Vöglein wieder hinaus ins Freie wandern, obgleich es nicht wollte. Ein paar Tage hielt sich's noch in der Nähe des Pfarrhauses und in dem kleinen Gärtchen auf.

Hans: Ist es dann im folgenden Herbste auch wiedergekommen?

Großvater: Ja, es hatte seinen alten Wohlthäter nicht vergessen. Drei Winter brachte es glücklich bei dem Pfarrer zu, und dreimal gab er ihm im Frühling die Freiheit zurück. Aber den vierten Winter kam es nicht wieder; wahrscheinlich war es gestorben.

Anna: O, das arme Thierchen!

16. Die Zimmerleute und Schneider unter den Vögeln.

Ihr werdet Euch schon wundern, daß es unter den Vögeln auch Zimmer=
leute geben soll. Was werdet Ihr aber erst sagen, wenn Ihr erfahrt, daß die
Vögel sogar ihre Weber und Schneider haben? Ja, ja, es ist so. Freilich
arbeiten diese Handwerker nicht für Andere, sondern nur für sich selbst. —
Der Specht ist der leibhaftige Zimmermann. Er setzt sich an den Stamm
einer Kiefer und hackt und pocht mit seinem kräftigen Schnabel tüchtig darauf
los. Unter der Rinde des Baumes findet er reichliche Nahrung; Käfer,
Larven und Insekteneier, die sind ihm Leckerbissen. Er zimmert sich aber auch
eine tiefe Höhle in den Stamm, um darin sein Nest zu bereiten. — Der
Schneidervogel ist nicht bei uns, sondern in einem fernen Lande, in Indien.
Mit einem Grashalme näht er ein Blatt zusammen, daß es die Gestalt einer
Zipfelmütze gewinnt, und macht sich dann sein Nestchen darin zurecht.

17. Die Pilze und Waldblumen.

Anna: Ich hätte gern einige Heidel= und Erdbeeren gepflückt; aber es sind keine mehr zu finden; überall stehen nur leere Büsche und Sträucher.

Großvater: Da hättet Ihr freilich einige Wochen früher kommen müssen. Aber einen Strauß hübscher Waldblumen wirst Du Dir noch binden können.

Anna: O, den habe ich schon; sieht er nicht prächtig aus?

Großvater: Sehr hübsch. Gieb doch mal her, wir wollen sehen, was Du Alles darin hast. — Also Kreuzdorn, Ginster und Heidekraut hast Du zuerst genommen, dann folgen Farrnkraut, Epheu, Labkraut, Wald=meister, einige bunte Blumen und der rothe Fin=gerhut. Letzterer, welcher dort am Berghange wächst, gehört zwar zu den Gift=pflanzen; er wird aber dennoch, weil er sehr hübsch aussieht, zur Zierde auch häufig in Blumengärten gezogen. Zuweilen hat der Fingerhut auch gelbe Glocken, das ist der gelbe Fingerhut. Derselbe wächst ebenfalls häufig an Bergabhängen.

Hans: Ich habe gehört, die Tollkirsche oder Belladonna sei auch eine sehr gefährliche Giftpflanze. Lieber Großvater, kannst Du uns diese nicht zeigen?

Großvater: Vielleicht; denn sie wächst allerdings in Wäldern. — Seht, hier ist diese staudenartige Waldpflanze schon. Ihre glockenförmige Blüte sieht von außen roth aus. Die Frucht ist eine glänzend-schwarze Beere, welche mit einer kleinen Herzkirsche große Aehnlichkeit hat. Weil aber diese Kirsche sehr giftig ist und Tollheit, ja selbst den Tod herbeiführen kann, so wird sie Tollkirsche genannt.

Ernst: Ei, da werde ich mich hüten, im Walde etwas in den Mund zu stecken, was ich nicht genau kenne! Habe ich einmal auf Kirschen Appetit, so kaufe ich mir lieber für einen Dreier bei der Kirschenfrau, die mit ihrem Korbe vorn an der Straßenecke sitzt.

Anna: Und ich nehme die Giftblumen gar nicht mit in meinen Strauß hinein; es wachsen ja andere genug im Walde.

Ernst: Auch Pilze giebt es hier viel. Ich habe vorhin, als wir durch das feuchte Holz gingen, eine große Menge stehen sehen.

Hans: Hier wächst ja gleich einer, Ernst. Siehst Du, wie hübsch er aussieht! Auf einem weißen Stiele sitzt ein wunderschöner purpurrother Hut, der mit vielen weißen Perlen besetzt ist.

Ernst: Für den bedanke ich mich bestens; denn es ist einer von der schlimmen Sorte. Nicht wahr, Großvater, es ist der giftige Fliegenpilz?

Großvater: Freilich, es ist derselbe, welcher in dem hübschen Räthsel gemeint ist.

Hans: In welchem Räthsel, Großvater? O bitte, sage es uns, damit wir es wieder anderen Kindern aufgeben können!

Großvater: Das Räthsel heißt:

<blockquote>

Ein Männlein steht im Walde

Ganz still und stumm,

Es hat von lauter Purpur

Ein Mäntlein um.

Sagt, wer mag das Männlein sein,

Das da steht im Wald allein

Mit dem purpurrothem Mäntelein?

</blockquote>

Hans: Gewiß, das ist der Pilz, der rothe Fliegenpilz. Schönen Dank, lieber Großvater, für das hübsche Räthsel.

Großvater: Mehrere Pilze sind allerdings nicht giftig und können gegessen werden. Da sie aber nicht leicht zu erkennen sind, so ist es besser, auf ein Pilzgericht lieber ganz zu verzichten.

18. Das Moos.

Das Moos im Walde besteht aus vielen kleinen Pflänzchen. Schöne Blumen hat es freilich nicht, aber es sieht doch hübsch aus, wenn es sich weithin unter den Bäumen wie ein grüner Teppich ausbreitet, oder wenn man immergrüne Kränze und Guirlanden, mit gelben und rothen Strohblumen dazwischen, daraus macht. Dem müden Wanderer dient es als Polster, und er schläft darauf oft besser, als auf einem weichen Sofa. Den tausend Käfern des Sommers ist es eine geräumige, mit Speise und Trank reichlich versehene Wohnung; und wenn Herbst und Winter kommen, so ist es ihnen meist auch ein bequemes Ruhebett für den langen Winterschlaf, oder auch Sarg und Gottesacker, darin sie sich im Tode zur Ruhe betten. Auch die Thiere und namentlich die Vögel des Waldes bauen sich aus dem Moose weiche und warme Wohnungen und Nester. Die Menschen benutzen es gleichfalls zu vielen Dingen, wie ich oft gesehen habe. — Seht, das Moos ist gar schön und nützlich!

19. Abschied vom Walde.

Ade, du liebes Waldesgrün, Ade!
Ihr Blümlein mögt noch lange blühn, Ade!
Mögt andre Wandrer noch erfreun
Und ihnen eure Düfte weihn.
Ade! Ade! Ade!

Spaziergang in die Berge.

1. Auf der Höhe.

„Auf die Höhen müßt Ihr steigen,
In die freie Bergesluft,
Und den Blick herniederneigen
In das Thal, erfüllt von Duft;
Auf die friedlich stillen Hütten,
Auf des Stromes Silberband;
Und dann rufet laut inmitten:
Schön bist Du, o Vaterland!"

Hans: Da wären wir denn oben! O, blicket doch um Euch, wie herrlich ist es hier, wie wunderschön die Aussicht!

Ernst: O ja, recht hübsch; aber es war doch auch ein gut Stück Arbeit; ich hätte mir das Bergsteigen nicht so beschwerlich vorgestellt.

Anna: Ich bin auch sehr müde und möchte ein Bischen ausruhen.

Großvater: Ja, ehe wir die letzte Anstrengung machen und den höch=
sten Gipfel des Berges erklimmen, wird es gut sein, hier an dieser freien
und vor Wind geschützten Stelle eine kurze Rast zu halten und uns völlig ab=
zukühlen; denn auf den Spitzen der Berge ist es gewöhnlich sehr zugig. Her=
nach wollen wir die oberste Höhe ersteigen, zu welcher dort oben eine in den
Stein gehauene Treppe führt. —

Guten Appetit brauche ich Euch wol nicht erst zu wünschen; ich sehe,
Ihr habt ihn alle Drei schon!

Hans: Danke schön, lieber Großvater! Nach dem Bergsteigen mundet
das Butterbrot aber auch ganz vortrefflich, viel besser, als zu Hause.

Ernst: Etwas zu trinken müßten wir aber noch haben!

Großvater: Wenn man erhitzt ist, darf man nicht trinken; das merkt
Euch! Sobald Ihr aber hinreichend abgekühlt seid, will ich Euch einen Trunk
erlauben. Einen kleinen Becher habe ich zu mir gesteckt, und an Wasser kann
es uns hier in den Bergen nicht fehlen, denn die Berge sind ja die Geburts=
stätten der Quellen, Bäche und Ströme. Macht Euch bald wieder fertig; die
Hauptmahlzeit mögt Ihr später halten!

Hans: Wir sind bereit, Großvater; es kann weiter gehen!

Es ging weiter. Die Kinder hatten heute ihre stärksten Schuhe angezogen,
denn in den Bergen, wo es oft über spitze und scharfe Steine geht, würden
weniger feste gar bald zerreißen, und durch zu dünne Ledersohlen würde man
jedes Steinchen fühlen und die Füße würden empfindlich schmerzen. Auch
der Reisestock that gute Dienste und wurde häufiger als Stütze benutzt.

Jetzt ist die Bergspitze erreicht. O, wie schön sieht Alles hier oben aus!
Wie weit, weit, weit kann man ringsum schauen! Da unten liegen die
Städte und Dörfer: eins, zwei, drei, vier, fünf, sechs — acht, zwanzig, dreißig
sind es wol! Man überblickt die weißen Berge in der Nähe und die blauen
Höhen in der Ferne; man sieht über die Wiesen und Ackerfelder; über das
grüne Thal und den dunkeln Wald, über den Fluß mit den grauen Burgen
und Ruinen an seinen Ufern und den Schiffen und Flößen auf seinen Fluten.
Und wie klein sieht Alles aus! Die Wanderer dort auf der Straße kommen

uns wie Zwerglein vor, und der Dampfwagen mit der langen weißen Rauch=
wolke erscheint uns wie ein Spielzeug. Wir sind doch so hoch hinauf gestiegen,
blicken wir aber aufwärts, so sieht der Himmel noch eben so hoch und eben
so blau aus, als unten im engen Thale. O, wie groß ist die Welt! Wie viel
größer aber Gott, der diese Welt mit all ihren Bergen und Thälern, Wiesen,
Wäldern und Feldern gemacht hat!

2. Auf den Bergen ist's schön.

Auf den Bergen ist's schön!
Auf die Berge laßt uns gehn!
   Dort ist die Luft so rein,
Ueberall Sonnenschein;
   Weit über Wald und Feld
Schaut man dort in die Welt;
   Unten ist grün die Au,
Oben der Himmel blau;
   Kraftvoll erhebt die Brust
Dort sich in Himmelslust!
Auf den Bergen ist's schön!
Auf die Berge laßt uns gehn!

3. Die Kräutersammler in den Bergen.

Es währte lange, ehe der Großvater mit den Kindern die Höhe verließ.
Da oben war es ja so schön, und es gab so viel zu sehen und zu lernen;
hunderterlei wurde gefragt und ebensoviel hatte der Großvater zu beantworten.
Ernst wollte wissen, was das für ein Vogel sei, der da flog, und wem das
Schiff gehöre, das da auf dem Strome fuhr; und Hans frug nach den Namen
der Städte und Dörfer und der Bergesspitzen, die sie ringsum erblickten. Die
Schwester freilich bekümmerte sich um die schöne Aussicht wenig und pflückte
die wenigen Blumen, die hier oben noch blühten, in einen Strauß zusammen.

Selbst als der Großvater den Brüdern die Stadt zeigte, in der Vater und Mutter wohnten und in welche sie bald zurückkehren wollten, achtete sie nicht darauf und ging ihrer Lieblingsbeschäftigung nach, bis der Großvater sie hinrief und Ernst ihr die Thürme der Heimatsstadt und die hellglänzenden Häuser zeigte. Da klatschte sie vor Freude in die Hände und rief laut hinüber: „Grüß Euch Gott! Grüß Euch Gott, Papa und Mama!"

Als nun der Großvater mit den Kindern vom Berge herniederstieg, begegneten ihnen unterwegs Frauen und Kinder, die Blumen und Kräuter in den Armen trugen.

„Das sind Kräutersammlerinnen," antwortete der Großvater den Kindern auf ihre Frage.

Ernst: Aha, wie Schwester Anna!

Großvater: Doch nicht ganz so. Schwester Anna sammelt nur Blumen zu ihrem Vergnügen; diese dort aber sammeln allerlei Pflanzen und Heilkräuter (dazu gehören auch giftige), die sie dann in den Apotheken für Geld verkaufen. Man nennt solche Pflanzen, an denen namentlich die Berge sehr reich sind, Arzneipflanzen.

Anna: Höre ich nicht Glockengeläut?

Hans: Ganz recht; ich kann Dir auch sagen, wovon es herrührt. Von den Kräutersammlerinnen, welche hier am Berge im Gebüsche gehen.

Anna: Du machst wol Spaß!

Hans: O nein, die Kräutersammlerinnen, die ich meine, tragen Glöckchen am Halse.

Anna: Das ist nicht möglich!

Hans: Ei freilich; horch doch! Klingt das nicht wunderschön?

Ernst: Du meinst gewiß die Ziegen, Hans! Da sehe ich eine, welche sich von der Herde entfernt hat.

Großvater: Du hast's getroffen, Hans meint die Ziegen. Dieselben eignen sich zum Kräutersammeln in den Bergen allerdings am besten, weil sie sehr gut klettern können. Sie finden an den Abhängen kräftige und würzige Nahrung, darum ist auch die Milch der Bergziegen sehr beliebt. Kranke trinken sie oft, um gesund zu werden. Aber nicht allein Ziegenherden weiden in den Bergen, sondern auch Kuhherden findet Ihr häufig.

Hans: Ich habe gehört, daß in der Schweiz, einem hohen und berühmten Berglande, die Bewohner hauptsächlich von Viehzucht leben. Die
hohen Berge dort heißen Alpen, und das Gras und die Kräuter auf den Alpen
sollen besonders nahrhaft und eine vortreffliche Weide für die Kühe sein. Die
Leute bereiten aus der Milch zwar nicht viel Butter, aber sehr guten Käse,
den berühmten Schweizerkäse.

Großvater: Das ist ja schön, daß Du das Alles so hübsch weißt.
Auch in unseren Bergen gehören die Kühe zu den Kräutersammlerinnen; vielleicht treffen wir heut noch eine weidende Herde an.

Hans: Aber die Berge sind ja bis hoch hinauf mit Holz bewachsen;
verirren sich denn die Thiere nicht, wenn sie so frei zwischen den Bäumen
hingehen?

Großvater: Selten. Sie tragen ja eine Klingel am Halse, die bei jeder
Bewegung läutet. Haben sich auch einmal einzelne von der Herde entfernt,

so achten sie darauf, woher die Glöckchen ihrer Kameraden tönen, und finden sich dann leicht wieder zurecht. Dennoch kommt es wol vor, daß sich eine Kuh oder eine Ziege verirrt; aber mit Hülfe der Klingel wird sie bald wieder aufgefunden. Ein guter Hirtenknabe kennt den Ton jeder Schelle und treibt die Herde nie heimwärts, so lange nicht alle Thiere beisammen sind.

4. Des Knaben Berglied.

Ich bin vom Berg der Hirtenknab',
Seh' auf die Schlösser all herab;
Die Sonne strahlt am ersten hier,
Am längsten weilet sie bei mir;
Ich bin der Knab' vom Berge.

Der Berg, der ist mein Eigenthum,
Da ziehn die Stürme rings herum,
Und heulen sie von Nord und Süd,
So überschallt sie doch mein Lied:
Ich bin der Knab' vom Berge!

Hier ist des Stromes Mutterhaus,
Ich trink' ihn frisch vom Stein heraus;
Er braust vom Fels im wilden Lauf,
Ich fang' ihn mit den Armen auf;
Ich bin der Knab' vom Berge!

Sind Blitz und Donner unter mir,
So steh ich hoch im Blauen hier;
Ich kenne sie und rufe zu:
„Laßt meines Vaters Haus in Ruh!"
Ich bin der Knab' vom Berge!

Und wenn die Sturmglock' einst erschallt,
Manch' Feuer auf den Bergen wallt;
Dann steig' ich nieder, tret' ins Glied,
Und schwing' mein Schwert und sing' mein Lied:
Ich bin der Knab' vom Berge!

5. Was in den Bergen ist.

Du möchtest gern wissen, was in den Bergen ist? Zwerge und Kobolde sollen, wie Du gehört hast, darin wohnen und ihr Wesen treiben? Das sind Märchen, mein Kind, die ich Dir wol ein andermal erzähle. Ich weiß aber, was sonst in den Bergen ist, und das könnte ich Dir schon sagen. — Ei, was benn? — Nun Schiefertafeln und Schieferstifte, Nähnadeln, Mühlsteine, Kupfermünzen, Silberthaler, Goldbukaten, Kreide, Eisenstangen und noch vieles Andere steckt darin. Das geht so zu, mein Kind. Die Berge sind von Stein, das hast Du gesehen. Als wir oben auf der Spitze standen, da sah überall der nackte Felsen hervor. Unten herum sind sie freilich meist mit Erde bedeckt, in welcher die schönsten Eichen oder weiter hinauf Tannen und Kiefern wachsen.

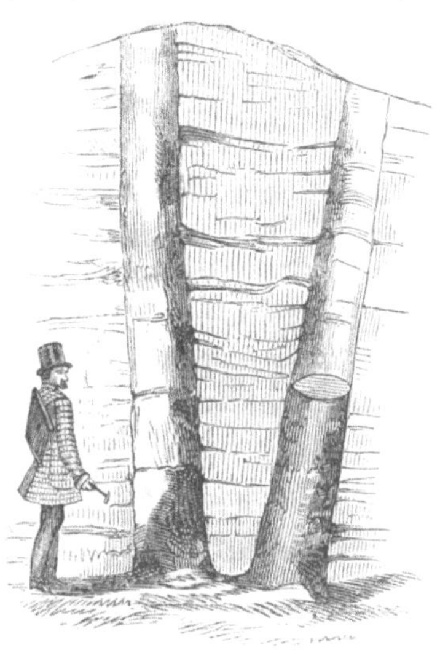

Man braucht aber nur die Erde weg= zuschaufeln oder tief hineinzugraben, so findet man den Stein. Wenn nun die Menschen in einer Stadt oder in einem Dorfe einen Kirchthurm bauen wollen, so fahren sie an den Berg und holen sich dort so viel Steine, als nöthig sind; dasselbe thun sie auch, wenn sie zu einem Hause oder einem andern Gebäude einen festen Grund mauern wollen. Wenn Jemand große Steinplatten haben will, um sie in seinen Hausflur zu legen, oder wenn der Müller einen Mühlstein braucht, so ist ein anderer Berg da, der hat Mühlsteine und Steinplatten genug, damit die Menschen in großen Städten hohe Häuser damit bauen. Das ist der Sandstein, von dem ich jetzt rede, derselbe, den sich auch der Scherenschleifer als Schleifstein auserwählt hat. Was meinst Du aber, was zuweilen in dem Berge im Sandstein steckt? Ordentliche Bäume, wie wir sie im Walde draußen finden, stehen darin; freilich hart und fest, wie der Stein selber. Das mag wol viele hundert Jahre her sein, daß sie in den Berg und in den Sandstein gekommen sind. Aber noch mehr! Der Weihnachtsmann und der Geburtstags= mann wissen einige Berge, in denen die besten Schiefertafeln und Schiefer= stifte stecken; es fehlen nur noch die weißen Holzrahmen um die Tafeln und das bunte oder goldene Papier um die Stifte. Aber das Holz und das Papier sind ja Nebensachen. Aus diesen Bergen holen sie nun für fleißige Kinder ganze Wagenladungen voll Tafeln und Stifte. Und weil die Berge so gar reich an Schiefer sind, so bekommen alle Menschen, die nicht allzuweit weg von den Bergen wohnen, so viele Schiefertafeln, daß sie alle ihre Häuser damit bedecken können. Das thun sie natürlich auch. Und so ein schwarzblaues Schiefertafel=Dörfchen oder Städtchen sieht gar nicht übel aus. Andere Berge haben inwendig Kalk, den die Maurer zu Mörtel brauchen, oder wenn sie die Wände weiß färben wollen; und noch andere Berge bestehen ganz und gar aus Kreide, mit der in der Schule an die schwarze Wandtafel ge=schrieben wird. Ei, da muß die Kreide billig sein! wirst Du sagen, und da hast Du auch recht. Daß auch allerlei kleine und größere Steine in der Erde sind, weiße, gelbe, rothe, braune, blaue, schwarze u. s. w., hast Du schon in den Kiesgruben gesehen, die draußen in den Berg gegraben sind und aus welchen die Leute den weißen Stubensand und die Gärtner den rothen und gelben Gartensand holen. Auch der rothe Lehm findet sich zuweilen in solchen Gruben, der in vielen Gegenden zum Bauen verwendet wird, und der weißliche Thon und die Porzellanerde, daraus die Töpfer und Porzellan=arbeiter allerlei Küchen= und Tischgeschirre fertigen. Siehst Du, Deine Kaffeetasse, an der „Zum Geburtstag!" steht, ist früher auch einmal in dem Berge gewesen.

Nun willst Du aber auch wissen, wie man die Eisenstangen, Nadeln, Pfennige, Groschen und Markstücke aus dem Berge herausholt. Das könnte Dir ein Bergmann freilich am besten sagen, denn die Bergleute graben tief in die Berge hinein, steigen hinunter und holen das Gold, Silber, Kupfer, Zinn, Blei und Eisen aus dem Innern des Berges heraus. Aber weil kein Berg=mann gleich da ist, so mag Dir's ein Büblein erzählen, das einmal mit einem Bergmann in ein Bergwerk hinabgestiegen und sich dann unten Alles genau angesehen hat.

6. Das Bergwerk.

Ich ging einmal zu einem Bergmanne und sagte: „Lieber Bergmann, ich möchte sehen, woher das Gold kommt." Da antwortete der Bergmann: „Liebes Kind, das Gold wird tief unter der Erde gegraben." Da sagte ich: „Lieber Bergmann, dann will ich auch einmal unter die Erde steigen, damit ich genau sehe, woher das Gold kommt." Der Bergmann war es aber nicht sogleich zufrieden; denn er sagte: „Unter der Erde in der Grube ist es dunkel, und es ist tiefer als ein Brunnen. Wer da fällt, der kommt nimmermehr heraus." Ich aber hatte Muth und sprach: „Lieber Bergmann, ich fürchte mich weder vor der Dunkelheit, noch vor der Tiefe und will mich festhalten, damit ich nicht hinunterfalle." Da sagte er: „Wenn es so ist, so will ich Dich mitnehmen. Komm, zieh Dir einen Bergmannskittel an und binde Dir eine Lederschürze hinten auf, so wie ich, und nimm ein Lämpchen in die Hand und folge mir nach!"

8*

Und nun ging es hinunter. Wir setzten uns in einen großen Eimer und hielten uns fest an der Kette. Der Eimer wurde hinunter geleiert, und es wurde immer dunkler; man sah die Sonne nicht mehr und von dem Himmel nur noch ein ganz kleines Stückchen. Endlich war der Eimer auf dem Boden und wir stiegen aus; allein wenn wir keine Lämpchen gehabt hätten, so hätten wir gar nichts gesehen. Jetzt sagte der Bergmann: „Wir sind durch den Schacht, nun müssen wir in den Stollen gehen." Da gingen wir durch einen langen, dunkeln Gang, welcher der Stollen heißt und so niedrig war, daß der Bergmann gebückt gehen mußte; ich aber konnte gerade gehen, weil ich noch klein war. Zuletzt kamen wir zu den anderen Bergleuten, die hatten alle lederne Schürzen hinten und einen Bergmannskittel an, wie wir auch, und dann hatten sie spitzige Hacken in der Hand, damit hieben sie in den Felsen und sprengten große Stücke von einem glänzenden Steine ab, den sie Erz nannten. Einer aber lud das Erz in einen Karren und führte es den Stollen hinaus bis unter dem Schacht, wo wir hergekommen waren. Dort that es Einer in den Eimer, und die, welche oben standen, leierten es hinauf. Da fragte ich: „Wo ist denn das Gold?" „Ei," sagte der Bergmann, „das steckt in dem Erze, und wenn es in das große Feuer kommt, schmilzt es heraus." Nun wollte ich auch das große Feuer sehen; aber der Bergmann sagte, ich müsse Geduld haben, man könne nicht Alles auf einmal sehen, und ich solle nur hier recht Acht geben auf die Dinge in dem Bergwerke. Also betrachtete ich noch einmal die Bergleute in ihrem dunkeln Stollen, wie jeder sein Lämpchen an die Mauer gehängt hatte, und wie sie fleißig Erz abklopften und in den Karren luden. Auf einmal läutete die Abendglocke; da legten sie ihre Werkzeuge bei Seite und riefen: „Glück auf!", denn das heißt bei ihnen so viel als: „Guten Tag oder guten Abend!" Hierauf gingen sie unten an den Schacht und ließen sich in dem Eimer hinaufleiern, und ich wurde auch hinaufgeleiert und freute mich, als ich wieder am Tageslichte und auf der Erde war. Ich dankte dem lieben Gott, daß er mich in der tiefen, dunkeln Erde vor Gefahr behütet hatte.

———*———

7. Das Salz.

Im Winter sehen die Bäume zuweilen ganz überzuckert aus. Ob denn das wirklich Zucker ist? Gewiß nicht. Dann ist es vielleicht Salz? Auch nicht. Es ist Eis, welches wir Rohreif nennen. Woher kommt denn aber das Salz? Ei, wir holen es vom Kaufmann. Und dem Kaufmann wächst es wol im Kasten? — O nein, er kauft es in den Salzsiedereien. Dort bereitet man es aus Wasser, in dem Salz aufgelöst ist. Wir wissen, wenn das Salz naß wird, so zergeht es, daß man es gar nicht mehr sehen kann. Kostet man aber solches Wasser, in dem Salz aufgelöst ist, so schmeckt man das Salz. In der Erde befindet sich auch viel Salz. Es giebt große Berge, die inwendig nichts als Salz enthalten, welches so fest wie Stein ist. Man nennt es darum auch Steinsalz. Die Bergleute graben das Steinsalz aus der Erde. Es wird hierauf fein gemahlen und verkauft. Manchmal aber fließt das Wasser unter der Erde an das Steinsalz und löst dasselbe auf. Dann kommt aus der Quelle Salzwasser oder Soole. In den Salzsiedereien kocht man die Soole recht lange in großen Kesseln und Pfannen und bekommt dann das Salz. Es wäre schlimm, wenn wir kein Salz hätten; denn womit sollten wir sonst unsere Speisen würzen und schmackhaft machen? Das Salz ist mehr werth als Gold und Silber und alle Edelsteine.

8. Die Nähnadel.

Nähnadel ist von hartem Stahl.
Die schlief in einem Berg einmal
In einem großen, großen Stein.
Wer stieg denn in den Berg hinein?
Bergmann stieg in das finst're Haus
Und holt' den großen Stein heraus.
Da kam der Schmelzer schnell herbei
Und kocht' den großen Stein zu Brei.
Der Brei, der kühlte bald sich ab, —
Da war's ein langer Eisenstab;
Der Nadler blieb daheim nicht lang',
Er kaufte sich die Eisenstang';
Draus macht' er Nadeln groß und klein —
Und macht' in jed' ein Oehr hinein.

---

9. Die Edelsteine.

Nachbars Fritz hat eine Steinsammlung. Ich lege mir auch eine kleine Steinsammlung an; die Steine sehen recht hübsch aus. In den Kiesgruben suche ich mir weiße, rothe, gelbe, blaue, schwarze, runde, eiförmige, breite und allerlei Sorten Steine. Die ganze Sammlung soll keinen Pfennig kosten, und ich will doch meine Freude daran haben. Es giebt freilich auch noch viel prächtigere Steine, wie der Papa sagt; das sind die Edelsteine, welche aber selten und darum sehr theuer sind. Der beste Edelstein ist der Diamant, welcher wie reines Wasser aussieht. Der Rubin sieht roth aus, der Saphir schön himmelblau und der Smaragd grün. Um den Edelsteinen ein schöneres Aussehen zu geben, werden sie geschliffen und von den Goldschmieden in Gold gefaßt. Reiche Leute kaufen die Steine dann in Ringen, Halsketten, Armbändern und anderen Schmucksachen. Nützlicher freilich als Edelsteine sind die Dinge, die wir nicht entbehren können, z. B. Eisen, Kohle, Salz, u. s. w.

10. Am Wasserfall.

Anna: Geht es denn immer noch weiter und weiter in die Berge? Ich kann kaum noch fort; das Bergsteigen macht doch zu müde Beine.

Großvater: Da dürftest Du keine Reise in die Schweizer Alpen wagen; denn dort sind die Berge wol acht= und zehnmal so hoch als unsere hier, und man muß noch ganz anders steigen. Wir werden übrigens bald an einen hübschen Platz kommen, an dem es etwas zu sehen und zu hören giebt, da wollen wir ein wenig ausruhen.

Ernst: Was giebt es denn da zu sehen und zu hören, Großvater?

Großvater: Abwarten, mein Junge; Du wirst's schon erfahren!

Hans: Ich habe gehört, auf den hohen Bergen in der Schweiz thauen Schnee und Eis selbst im heißesten Sommer nicht weg. Ist das wahr?

Großvater: Freilich ist es wahr. Auf den hohen Bergen ist es so kalt, daß ganz oben auf den Spitzen keine Menschen wohnen können, und selbst weiter unten muß das ganze Jahr hindurch im Zimmer geheizt werden. Auf manchen Bergen liegen wieder große Eisberge, die man Gletscher nennt und von denen reißende Bergströme herabstürzen.

Ernst: Ei, da möchte ich sein! Da kann man wol mitten im Sommer Schlitten fahren, Schlittschuh laufen, fischen oder baden, wie man Lust hat!

Anna: Zum Baden würde Dir wol die Lust vergehen, wenn es dort so kalt ist.

Großvater: Die mächtigen Berge ragen mit ihren Gipfeln oft hoch in den Luftraum hinein, und kein menschlicher Fuß hat sie je betreten; zuweilen bilden sie auch schroffe und steile Bergwände und tiefe Schluchten; schäumende Wasser springen über die Felsmassen dahin und stürzen oft von gewaltiger Höhe herab in die Tiefe.

Hans: Das sind Wasserfälle, die sollen ja sehr schön aussehen!

Großvater: Gewiß, es ist nicht zu läugnen, daß die Wasserfälle einen recht hübschen und großartigen Anblick gewähren, z. B. der Rheinfall bei Schaffhausen oder der Elbfall im Riesengebirge, den ich Euch in einem hübschen Bilde zeigen werde. Es giebt in den Hochgebirgen aber auch sehr wilde Gegenden, die man nur mit Schrecken und Grausen betrachten kann. Lieblicher und angenehmer sind unsere deutschen Berge. Auch Wasserfälle haben wir hier; Ihr werdet gleich einen solchen sehen.

Hans: Mir war es schon immer, als hörte ich es rauschen und brausen; aber ich dachte, dies sei der Wind in den Bäumen; ist dies der Wasserfall?

Großvater: Jawol, da ist er schon!

Die Kinder: Ah! wie schön! das sieht herrlich aus!

Hans: Das herabstürzende Wasser rauscht und schäumt gewaltig.

Ernst: Da unten ist es gerade, als ob in einem großen Kessel Wasser siede und dampfe! — Hier wollen wir Rast halten, Großvater, Du erzählst uns noch mehr, nicht wahr?

Großvater: Nun meinetwegen; dann aber heimwärts, Kinder! Ihr wißt, morgen wollt Ihr uns verlassen, und die Großmutter möchte doch auch noch ein Bischen mit Euch sprechen!

———※———

11. Feuerspeiende Berge.

Ihr bewundert unsere Berge, Kinder, und erfreut Euch an ihrem lieblichen Anblick. Jeder Gipfel und jedes Steinchen predigen Euch die Größe des Schöpfers! Jene Bäume dort, dieser Wasserfall hier und die plätschernden Bächlein und alle Dinge, die Euch umgeben, reden laut von der Güte und Freundlichkeit des höchsten Wesens. Aber wie furchtbar die Kräfte der Natur sind, wenn sie zerstören, und wie ohnmächtig dagegen der mächtigste Mensch ist, das können wir auch an den Bergen und namentlich an den feuerspeienden Bergen sehen, von denen ich Euch Einiges erzählen will.

Feuerspeiende Berge, die auch Vulkane genannt werden, findet man an verschiedenen Orten der Erde; bei uns Gott sei Dank nicht. In Italien aber ist ein solcher Berg, der Vesuv, welcher schon viel Unglück über die Leute gebracht hat, die in seiner Nähe wohnen. Zuweilen sind die Vulkane ruhig, aber um so schrecklicher ist es, wenn sie aus ihren Oeffnungen an der Spitze Feuer, Steine, Schlacken und Asche auswerfen und Alles ringsum damit über= schütten. Vor beinahe zweitausend Jahren warf der Vesuv so viel Asche aus, daß drei blühende Städte, Herkulanum, Pompeji und Stabiä, ganz und gar damit bedeckt wurden, so daß auch nicht eine Spur mehr von ihnen zu sehen war. Später hat man auf die fest gewordene Asche wieder eine Stadt und ein Dorf gebaut. Als man vor 150 Jahren einen tiefen Brunnen graben wollte, fand man die verschütteten Städte wieder. Seit dieser Zeit hat man unter der Erde ganze Straßen und Häuser ausgegraben und viele Merkwürdigkeiten der alten Zeit an das Tageslicht gebracht.

Eine lange Reihe von Jahren ist der Vesuv ziemlich ruhig gewesen, und die Menschen, die rings um ihn her wohnten, lebten glücklich und zufrieden. Aber im Jahre 1861 erfolgte aufs Neue ein heftiger Ausbruch und verursachte mit den Erdstößen, die ihn begleiteten, schreckliche Verwüstungen. Viele Gebäude sind dabei eingestürzt, viele Menschen um das Leben gekommen. — Die flüssige Masse, welche aus den Oeffnungen der feuerspeienden Berge ausströmt, heißt Lava. Sie fließt zuweilen in breiten brennenden Strömen, und vernichtet Alles, was ihr im Wege steht. Ihre Glut ist so groß, daß sie sich oft kaum nach einem Jahre völlig abkühlt. — So gefährlich es auch ist, in der Nähe eines solchen Berges zu wohnen, so bauen sich die Menschen doch immer wieder dort an.

Laßt uns nun Abschied nehmen von den Bergen und heimwärts gehen!

12. Abschied von den Bergen.

Ihr Berge in der blauen Luft,
Du grüner Wald voll Sang und Duft,
Du goldnes, wonnereiches Thal
Lebt wohl, lebt wohl viel tausendmal!

Ich scheide heut. Lebt wohl! Ade!
Wer weiß, ob ich Euch wiederseh'.
Du Berg, Du Wald, Du grünes Thal,
Lebt wohl, lebt wohl viel tausendmal!

Ernst: Juchhe! Heut reisen wir wieder nach Hause! Wir fahren wieder im
Dampfwagen!

Anna: Ei, nun kommen wir bald zur Mama und zum Papa!

Großmutter: Ihr wollt uns verlassen, Kinder? Ach, und ich hatte
schon geglaubt, es gefiele Euch bei uns so wohl und Ihr wolltet hier bleiben!

Anna: Ach ja, Großmütterchen, es gefällt uns schon bei Dir; aber
wir müssen ja doch wieder nach Hause zur Mama und zum Papa.

Hans: Unsere Ferien gehen ja zu Ende, sonst blieben wir recht gern noch länger.

Ernst: Weißt Du, liebe Großmutter, wir kommen bald wieder. Sollst sehen, ich bin schon in den nächsten Ferien wieder da.

Großmutter: Ach, ich wußte es ja, Ihr seid alle Drei gute Kinder und habt die Großeltern lieb. So reist nur in Gottes Namen und kommt glücklich nach Hause! — Vergeßt aber jetzt das Essen nicht, Kinder, damit Ihr nicht hungrig nach Hause kommt! Laßt Euch ja nicht nöthigen; es ist die letzte Mahlzeit, die Ihr bei uns haltet!

Hans: Ich danke, liebe Großmutter, ich kann heut nicht mehr essen. Der Schwester Anna scheint es eben so zu gehen; denn sie hat auch schon Messer und Gabel weggelegt.

Großvater: Das macht der Abschied, Kinder; Ihr könnt vor Unruhe nicht essen.

Hans: Ja, es ist so. Wir möchten gern hier bleiben, wo es uns so gut gefällt; wir freuen uns aber auch, daß es wieder nach Hause geht.

Großmutter: So werde ich Euch etwas einpacken, daß Ihr unterwegs den Brotkorb öffnen könnt, wenn der Hunger kommen sollte.

Großvater: Sind Eure Sachen ordentlich eingepackt? Ihr habt doch nichts vergessen?

Großmutter: O, das ist Alles in bester Ordnung. Sie haben alle Drei selbst gepackt. Ich wollte es besorgen, aber Ernst sagte: „Nein, selbst ist der Mann!" spricht Papa.

Ernst: Das ist auch wahr. Hans und Anna, spricht Papa nicht so? Und er setzt da gewöhnlich hinzu: „Das merkt Euch!"

Großvater: Recht so! Vergeßt es nur auch nicht und besorgt Eure Sachen, so viel Ihr immer könnt, selbst.

Ernst: Ich habe Alles besorgt: meinen Blumensamen, die Muscheln, die Schneckenhäuschen, die Steinchen, das Moos, die Tannenzapfen, die Pfauenfedern. —

Anna: Auch ich habe Alles: meine Blumen, mein Binsenkörbchen —

Hans: Ja, ja, die Sachen sind in Ordnung. Auch Wäsche und Kleider sind richtig eingepackt.

Anna: Ich muß noch einmal in den Garten gehen und von den Blumen Abschied nehmen und von der Laube und all den hübschen Plätzchen, die mir so lieb geworden sind.

Ernst: Und ich vom Obstgarten und vom Ziegenböckchen, von den kleinen Hühnern, vom Haushahn, vom Bello — ach nein, Bello du kommst ja noch mit nach dem Bahnhof! Nicht? — Wau, wau, wau! Seht, das heißt: Ja, ja, ja!

Großvater: Nun so eilt mit Eurem Abschied, die Zeit verrinnt! Der alte Jakob wird Euren Koffer nach dem Bahnhof tragen. Ich mache mich unterdeß fertig und gebe Euch das Geleit.

Großmutter: Nun, so lebt denn wohl, Ihr lieben Kinder! Gott behüte Euch! Kommt her und gebt mir noch Alle einen letzten Kuß zum Abschiede! Dann Ade! Ade!

Anna: Ach, Großmütterchen, tausend, tausend Küsse sollst Du haben! Bleib immer gesund, Großmütterchen! Leb' wohl und behalte Deine Anna lieb, gutes Großmütterchen!

Ernst: Ade, Großmütterchen! Ade!

Hans: Wir sagen Dir auch recht schönen Dank, liebe Großmutter. Du bist so gut mit uns, und wir können Dir nichts dafür geben.

Großmutter: Ist auch nicht nöthig, Kinder. Bleibt nur immer gut und fromm, seid artig, folgsam und fleißig, so macht Ihr Euren lieben Eltern und dem Großvater und mir viel Freude. Nun lebt wohl. Grüßt Vater und Mutter schön von den Großeltern! Wenn Ihr mal wieder Ferien habt, so besucht Ihr uns wieder. Ade!

Die Kinder: Ade, Du gute, liebe Großmutter! Gott behüte Dich, bis wir uns wiedersehen! Ade! Ade!

2. Heimwärts.

Nun ging es heimwärts. Der alte Jakob trug den Koffer voran, der Großvater folgte mit den Kindern nach. Sie hätten ihn heut am liebsten alle Drei anfassen mögen. Sie waren ja so oft mit ihm gegangen durch Felder und Wiesen, Wälder und Berge, und hatten so viel Neues und Hübsches gesehen. Das Alles mußte kurz noch einmal besprochen werden. Der gute Großvater, wie lieb hatten ihn doch die Kinder! Ernst sagte: „Lieber Großvater, ich bin sehr, sehr, sehr, sehr böse auf Dich, wenn du uns nicht bald einmal besuchst und dann recht lange, lange, lange bei uns bleibst.“ Hans und Anna meinten dasselbe und luden den Großvater bringend ein, doch bald einmal zu kommen. „Ei, liebe Kinder, böse sollt Ihr mir nicht sein,“ antwortete der Großvater und versprach zu kommen. Da jubelten die Kinder. Oft blickten sie sich auch um nach dem Pfarrhause, ob sie der lieben Großmutter nicht noch ein letztes „Lebewohl!“ zuwinken könnten. Jetzt kamen sie an die Ecke des Hügels, von dort aus konnten sie das Gärtchen und die Fenster sehen. Schnell stiegen sie hinan und riefen der Großmutter aus der Ferne zu: „Ade, Ade! liebe Großmutter, Ade!“ und schwenkten die Mützen und Tücher. Dann ging es weiter, denn bald mußte der Zug daher brausen. Seht, seht, dort kommt er schon! Es blieb ihnen wenig Zeit zum Abschied vom Großvater. Sie mußten eilen, ihre Sachen unterzubringen und ihre Plätze einzunehmen, wobei ihnen der gute Großvater behülflich war.

Klinglinglingling! Ade, Du herzliebes Großväterchen! Einen Kuß — hier noch einen — und noch einen! Die Pfeife ertönt; dahin braust der Zug. Ade! —

Schweigend saßen die Kinder nebeneinander und trockneten sich die Thränen, die ihnen der Abschied vom lieben Großvater gekostet hatte. Erst als sie an der Station Friedburg vorüber gefahren waren und seitwärts durch ein Wagenfenster die Thürme der Heimat erblickten, die Hans ganz genau erkannte, verklärten sich ihre Gesichter. Ernst vergaß, daß noch andere Leute mit im Dampfwagen saßen und rief voll Freuden: „Juchhe! unsere Thürme! Nun geht es Eins — Zwei — Drei! dann sind wir zu Hause!“

———✳———

3. Von der Reise.

Nichts Schönres giebt es auf der Welt,
Als in die Fremde gehen;
Selbst ohne einen Kreuzer Geld
Kann man da Vieles sehen.

Die Blümchen auf der grünen Au,
Die fröhlich wir durchschreiten,
Und selbst das heitre Himmelblau
Erhöhen unsre Freuden.

Der Wald erwiedert unsern Gruß
Und Berg und Thal nicht minder;
Auch bieten reichlichen Genuß
Sie freundlich für die Kinder.

Wir sind durch Berg und Thal so weit
Mit Großpapa gezogen.
Ach, wäre doch die Ferienzeit
Nicht gar so schnell verflogen!

Wol oft noch denken wir daran,
Wie es so schön gewesen! —
Nun geht die Schule wieder an
Und Rechnen, Schreiben, Lesen.

4. Daheim.

Da hielt der Zug schon am Bahnhofe. Papa und Mama! Ich habe sie gesehen! Ich auch! Ich auch!

Die Kinder hatten sie alle Drei zugleich gesehen. Das war eine Freude! Der Papa hob sie aus dem Wagen und begrüßte sie zuerst, dann schloß sie die

Mama in ihre Arme. „Großvater und Großmutter lassen Euch tausendmal herzlich grüßen," sagte Hans. — „Und ich habe den Großvater eingeladen; er wird uns bald besuchen!" rief Ernst. — Anna sprach: „Ach lieber Papa und liebe Mama, wie schön es dort war! Das waren herrliche, heitere Ferien! Wir haben Euch viel, viel zu erzählen!" —

So kamen die Kinder mit den Eltern zu Hause in der Wohnung an. Nun wurde ausgepackt und vorgezeigt, erklärt und erzählt, wieder gezeigt und wieder erzählt — das wollte heut' gar kein Ende nehmen. Ja, als schon Wochen und Monate vergangen waren, hatten die Kinder noch immer von den „heiteren Ferientagen" bei den Großeltern zu erzählen; es war ja dort auch gar zu hübsch gewesen.

Was sie aber ihren Eltern erzählt haben, liebe Kinder, Ihr wißt es ja auch, denn ich habe Alles in diesem Buche, welches Ihr soeben gelesen, für Euch aufgeschrieben.

Ende des Buches.